Raffetseder

Sonnenfinsternis

Werner Raffetseder

SONNENFINSTERNIS

Das Mysterium der reisenden Nacht

Hugendubel

Bildnachweis

Ernst Bihlmeyer: S. 74, 173,
Rudolf Conrad: S. 2/3, 27, 33, 68, 77, 164
Günter Jenner: S. 165
Franz Klauser: S. 25
Robert Schulz: S. 41, 153, 177
Heinz Scsibrany: S. 51, 73, U4
Peter Stolzen: S. 45
Alle anderen Fotos stammen vom Autor oder aus dem Archiv des Verlages.

Grafiken

KURIER, Wien: S. 157
Heinz Scsibrany: S. 11, 67, 182/183
Alle anderen Grafiken stammen vom Autor.

Gewidmet meinen lieben Eltern für ihre grenzenlose Geduld und Unterstützung.

Die Deutsche Bibliothek – CIP-Einheitsaufnahme
Raffetseder, Werner:
Sonnenfinsternis : das Mysterium der reisenden Nacht / Werner Raffetseder. - München : Hugendubel, 1999
ISBN 3-89631-302-9

Umschlaggestaltung: Zembsch' Werkstatt, München
Produktion: Tillmann Roeder, München
Satz und Reproduktion: Design-Typo-Print, Ismaning
Druck und Bindung: Appl, Wemding
Printed in Germany

ISBN 3-89631-302-9 (Buch und Sonnen-Sicht-Brille)
ISBN 3-89631-303-7 (Buch, Sonnen-Sicht-Brille und CD-ROM)

Inhalt

Vorwort

Mein Interesse für Sonnenfinsternisse geht auf ein Erlebnis am 16. Februar 1980 zurück. Ich hielt mich im Norden des südostasiatischen Staates Myanmar (damals Birma) auf und wanderte ahnungslos am Fluß Irrawaddy entlang, als das Licht der Nachmittagssonne dramatisch abnahm. Die Vögel hörten auf zu singen, und es wurde kühl. Das Zwielicht und die seltsame Stille breiteten eine mystische Stimmung über das Land. Durch einen Filter sah ich die Sonne nur noch als dünne Sichel, die jedoch wieder zunahm, bevor sie hinter den Bergen verschwand. Jahre später erlebte ich in Mexiko erstmals eine totale Sonnenfinsternis: Während es mittags fast sieben Minuten lang dunkel war, erschienen Planeten und Sterne, und die Korona erstrahlte in majestätischer Schönheit. Das Erlebnis ließ mich nie wieder los. Bis heute ist mir kein Ort der Erde für ein Dacapo zu fern.

Totale Sonnenfinsternisse berühren den Menschen auf eine unergründliche Weise. Es ist, als dürfe man einen Blick in das Drehbuch des Universums tun. Einen Moment lang spürt man die alles umfassende Ordnung und glaubt, in der Stille das Ticken des kosmischen Uhrwerks zu hören. »Es gibt Dinge, die man fünfzig Jahre weiß, und im einundfünfzigsten erstaunt man über die Schwere und Furchtbarkeit ihres Inhaltes«, schrieb Adalbert Stifter über die totale Sonnenfinsternis, die er am 8. Juli 1842 in Wien miterlebte. Eineinhalb Jahrhunderte später – am 11. August 1999 – rast der Kernschatten des Mondes wieder über Mitteleuropa hinweg, um einen schmalen Landstreifen für gut zwei Minuten zu verfinstern: die »reisende Nacht«. Das grandiose Schauspiel ist weltweit das letzte in diesem Jahrtausend und wird sich im deutschsprachigen Raum erst am 3. September 2081 wiederholen.

Das vorliegende Buch zeichnet ein umfassendes Bild des Naturphänomens. Was muß geschehen, damit der Schatten des Mondes auf die Erde trifft? Welchen Weg schlägt er ein? Wie reagiert die Natur? Der Leser erfährt, was antike Schriften und die Bibel sowie Mythen und Legenden darüber sagen, und blickt zurück auf vergangene Zeiten: Stonehenge, Ägypten, Babylon, Griechenland, Mexiko, China. Wie gingen die alten Kulturen mit diesem Naturschauspiel um? Konnten es Eingeweihte vorhersagen? Erstaunliche Fakten spannen den Bogen bis zur modernen Wissenschaft. Darüber hinaus gibt das Buch Tips für die Beobachtung der Sonnenfinsternis am 11. August und jener der nächsten Jahrzehnte.

Besonderen Dank möchte ich an dieser Stelle meinen Freunden Heinz Scsibrany, Markus Steidl und Gerald Teufel für ihre wertvolle Hilfe aussprechen. Sehr fruchtbar waren die Diskussionen mit dem Physiker, Computer- und Finsternisspezialisten Dr. Heinz Scsibrany, mit dem ich wiederholt zu Sonnenfinsternissen gereist bin. Er ist der Verfasser der zum Buch erschienenen Computer-Software, die zur einfachen Berechnung von Sonnen- und Mondfinsternissen in aller Welt dient.

Ausdrücklich gedankt sei hier auch den Professoren am Institut für Astronomie der Universität Wien, Frau Dr. Maria Firneis und Herrn Dr. Ernst Göbel, die mir in fesselnden Gesprächen die unterschiedlichsten Zugänge zum Thema erschlossen. Ebenso gilt mein Dank Herrn Professor Hermann Mucke, dem Verfasser des Werkes »Canon der Sonnenfinsternisse«, für seine spontane Bereitschaft, theoretische Fragen zum Wesen der Saros-Zyklen zu erörtern, und – last but not least – den Mitgliedern der »Vereinigung der Österreichischen Amateur Astronomen« (ÖAA), die für dieses Buch eine Reihe von Fotos zur Verfügung stellten.

Wien im April 1999 — Werner Raffetseder

Die reisende Nacht

Generalprobe in der Karibik

Es ist wie ein Fingerzeig Gottes: tiefgehend, mitreißend, für Uneingeweihte kaum vorstellbar. Das Schauspiel, das Europa 142 Tage vor dem Jahr 2000 erleben wird, läßt sich nur schwer mit Attributen beschreiben. Ein monströser Schatten von 100 Kilometer Durchmesser schiebt sich mit der Geschwindigkeit eines Jagdflugzeugs über das Land und macht den Tag zur Nacht: totale Sonnenfinsternis. Am 11. August 1999 wird das einzigartige Naturereignis die Menschen im Herzen Europas berühren. Am 26. Februar 1998 war Generalprobe in der Karibik. Zehntausende Finsternis-Fans reisten an und hatten im Schatten des Mondes einen unvergeßlichen Vorgeschmack. Notizen aus meinem Tagebuch.

Verlauf der totalen Sonnenfinsternis vom 26. Februar 1998: Die schwarze Markierung bezeichnet die Totalitätszone, die grüne die Begrenzung des Halbschattens.

Abb S. 10: Aruba im Februar 1998. Zur Zeit der Sonnenfinsternis fand in der Karibik auch der Karneval statt.

Samstag, 21. Februar 1998, Oranjestad – Aruba

Königin-Beatrix-Airport, Oranjestad. Über dem Rollfeld geht soeben die Sonne auf. Der Passatwind streichelt das Land und verleiht dem Morgen eine erfrischende Kühle: Aruba, ein Flecken Holland in der

Karibik. Auf der Antilleninsel landen die Jumbos im Fünf-Minuten-Takt: Passagiere aus den entferntesten Winkeln der Welt schleppen schweres Gerät an verdutzten Zöllnern vorbei. »Verrückt«, denken sie wohl, »für ein paar Minuten ›Lichtausfall‹ rund um den Globus zu fliegen.«

In der Hotelregion im Norden der Insel treffe ich auf Gleichgesinnte: Wissenschaftler, Hobby-Astronomen, Fotografen, Journalisten, ein Heer von Neugierigen. Ein bunter Haufen aus fünf Kontinenten. Für uns alle ist das bevorstehende Ereignis etwas Einmaliges: ein wundersames Ritual der Natur, von dem man nie wieder loskommt, wenn man es einmal miterlebt hat. Die Medien jubeln: Allein auf dem winzigen Eiland Aruba werden 15 000 Gäste erwartet. Das letzte Zimmer ist ausgebucht. Drüben auf dem Festland, in Venezuela und Kolumbien, sind es noch mehr. Der Zeitpunkt für eine Reise in die Karibik ist ideal, denn jetzt wird überall getanzt: In der ganzen Region feiert man Karneval.

Die Eklipsen-Jäger interessieren sich dafür allerdings kaum. Während sie am Swimmingpool Tabellen vergleichen, blicken sie immer wieder zum Himmel: Der Passatwind bläst Wolken herbei, die ab und zu die Sonne verdecken. Für das Fotografieren während der Finsternis sind sie ein Risikofaktor. Das gemeinsame Zittern schweißt die Sternenfans aus aller Welt zusammen. Stundenlang haben sie Erfahrungen ausge-

Profis und Hobbyfotografen erwarten mit Spannung die Finsternis auf Aruba.

tauscht, Apparate geprüft und Übungsprogramme absolviert: Stative einnorden, Teleskope und Kameras justieren, Belichtungsreihen einprägen, Filtertausch, Filmwechsel. Während der magischen drei Minuten muß jeder Handgriff wie im Schlaf sitzen. Für Fehler ist keine Zeit.

Donnerstag, 26. Februar 1998

8.10 Uhr. Noch sechs Stunden bis zum Beginn der Totalität um 14.09 Uhr. Die Frühstücksrunde zerstreut sich, um die Ausrüstung aufzubauen. Ein Professor für Astronomie aus Massachusetts, hat schon gestern mit einigen Assistenten zwei Tonnen Material auf das Hoteldach geschleppt. Es heißt, daß er zum 26. Mal bei einer Finsternis dabei ist und herausfinden will, warum die Korona (äußere Gasatmosphäre) der Sonne bis zu zwei Millionen Grad, ihre Oberfläche aber nur etwa 6 000 Grad heiß ist.

10.14 Uhr. Endlich! Der letzte freie Mietwagen Arubas steht vor der Tür. Ich breche mit Kollegen nach Osten auf. Genaue Berechnungen haben ergeben, daß die Mitte der Finsternisspur irgendwo im Meer zwischen den Inseln Aruba und Curaçao liegen wird. Je näher wir dieser Linie kommen, um so länger dauert die Dunkelheit. Unser Abstecher an die Ostspitze bringt rund 30 Sekunden, viel Zeit in der Flüchtigkeit der reisenden Nacht. Aber das wissen andere auch: Der Verkehr fließt nur zäh.

11.46 Uhr. Schwitzen im Stau. In diesem Augenblick kommt der Kernschatten des Mondes vom Weltraum herein und trifft südöstlich von Hawaii auf den Pazifik. 6 000 Kilometer westlich von uns, wo jetzt die Sonne aufgeht, beginnt die Finsternis soeben. Der schwarze Fleck, den der Mondschatten dort auf das Wasser wirft, fegt mit rasender Geschwindigkeit ostwärts: zu den Galapagosinseln, nach Panama, Kolumbien, Venezuela. Bis Aruba braucht er noch knapp zweieinhalb Stunden.

12.02 Uhr. Niemand will das Schauspiel versäumen. Als wir den Ostzipfel der Insel erreichen, haben alle Läden geschlossen. Draußen auf dem Meer stehen Kreuzfahrtschiffe und warten. Am Strand herrscht dichtes Gedränge. Von zahllosen Augenpaaren verfolgt, trifft die Schickeria der Astro-Szene die letzten Vorbereitungen. Gruppen aus Deutschland, Japan und Kanada stellen ihre Fernrohre auf. Radio- und TV-Moderatoren bereiten sich auf ihren Live-Auftritt vor. Direkt neben uns hat Robert B. Slobins, ein Eklipsen-Fotograf aus New Jersey, sieben Kameras stehen. Immer wieder geht er mit seiner Frau die Checkliste durch, bis plötzlich jemand zu brüllen beginnt. »Shit!« Eine dichte Wolkendecke schiebt sich von Nordosten heran, es tröpfelt. Die Enttäuschung entlädt sich in heftigen Flüchen.

12.38 Uhr. »Erster Kontakt!« Mit erregter Stimme gibt Slobins den Beginn der partiellen Phase bekannt: jenen Augenblick, wenn der Mond die Sonne scheinbar berührt. Von jetzt an deckt er die Sonnenscheibe allmählich zu. Hinter den Wolken: Zu sehen ist leider nichts. Statt freudiger Spannung herrscht Ratlosigkeit.

13.10 Uhr. Ein Jubel geht durch die Menge. Die Wolkendecke reißt auf. Durch Schutzbrillen läßt sich erkennen, daß ein beachtlicher Teil der Sonne schon fehlt. Von jetzt an halten Kameras mit Spezialfiltern fest, wie die Sichel weiter schrumpft. Die Intensität des Lichtes scheint unverändert.

13.25 Uhr. Der Mond hat bereits mehr als die Hälfte der Sonne verschluckt. Sichtbar ist er aber noch nicht. Es ist taghell, nur die Schatten sind etwas blasser.

13.50 Uhr. Von der Sonne ist nur eine schmale Sichel übrig. In den letzten Minuten ist es merklich dunkler geworden: Die Farbkontraste sind schwach, langsam ertrinkt alles Blau in einem seltsamen Zwielicht. Über die Landschaft legt sich ein matter, metallischer Glanz. Ein Dämmerzustand, der beängstigend wirkt. Vielleicht, weil das Restlicht nicht vom Horizont, sondern von oben einfällt. Rundherum breitet sich eine gespenstische Ruhe aus: Das Vogelgezwitscher hört auf, die Insekten verstummen.

13.58 Uhr. Es ist kühl. Die Lichtabnahme erfolgt immer schneller. Im Strandpavillon gehen bereits die Blüten einiger Pflanzen zu. Der Himmel ist wolkenfrei und doch düster. Im Südwesten braut sich etwas Dunkles zusammen: Von dort kommt der Mondschatten. Unsere Stimmen sind halblaut geworden. Spätestens jetzt ahnt auch der Ahnungslose, daß etwas Abgrundtiefes bevorsteht.

14.07 Uhr. Frösteln. Eine Fledermaus flattert vorbei. Daß mit der Sonne etwas nicht stimmt, sieht man seit einer Weile mit bloßem Auge. Aber auch der kurze Blick ohne Schutzbrille schmerzt. Ein deutscher Hobby-Astronom hat ein weißes Tuch im Sand ausgebreitet, auf dem jetzt die vorausgesagten »fliegenden Schatten« herumtanzen: unregelmäßige Lichtstreifen von unterschiedlicher Helligkeit, die etwa zwei Minuten lang sichtbar sind.

14.09′ 30″ Uhr. Schutzbrillen ab! Filter weg: Die Kameras sind bereit. Der Mond hat sich so weit vor die Sonne geschoben, daß sich ihre hauchdünne Sichel in einzelne Lichtpunkte auflöst: Sie leuchten wie

Perlen zwischen den Bergen am östlichen Mondrand. Jetzt kommt die schwarze Scheibe des Mondes erstmals in Sicht, gespenstisch von der Korona umstrahlt. Nach und nach verlöschen die Perlen – bis auf die letzte. Der Diamantringeffekt: ein dahinschmelzender Tropfen aus Licht, der nur einige Sekunden wie ein Edelstein glitzert.

14. 09′ 47″ Uhr. Zweiter Kontakt: Totalität! Der Mond deckt die Sonnenscheibe vollständig ab. Von Südwesten rast die Nacht auf uns zu. Etwas Riesiges, Schwarzes verschlingt das Land. Der Kernschatten des Mondes: 144 Kilometer Durchmesser, 2 590 km/h schnell. Dunkelheit. Stille. Nur das Klicken der Kameras. Alles starrt nach oben. Fernrohre, Linsen, das Auge. Sonne, Mond und Erde stehen hintereinander im Weltraum. Ihre Gravitationskräfte wirken auf einer Geraden. Es ist finster wie in einer Vollmondnacht. Aber wir sehen den Neumond: ein schwarzes Loch im opalisierenden Strahlenkranz der Korona. Daneben leuchten die Planeten Merkur und Jupiter. Die Venus weiter im Westen. Am Ostrand des Mondes ist schwach eine Protuberanz auszumachen: rotglühendes Gas, das die Sonne ins All hinausschleudert.

Totalität auf Aruba, fotografiert mit einem »Fisheye«.

14. 11′ 35″ Uhr. Finsternismitte: Halbzeit der Totalität. Schweigendes Staunen: Faszination Universum. Ein Tourist vergleicht die Korona flüsternd mit einem explodierenden Stern. Ich schaue zum Horizont: Weit draußen, wo die Finsternis nur partiell ist, herrscht rundherum Abendrot. Südlich von uns, auf dem Festland von Venezuela, verbirgt es sich hinter der fernen Bewölkung. Aber man kann erkennen, daß die Zeit läuft: Der Horizont im Südwesten wird heller, während sich die Nacht nordostwärts verschiebt.

14. 13′ 21″ Uhr. Ende der Totalität. Nach 3 Minuten und 34 Sekunden quillt der glitzernde Edelstein jetzt am westlichen Mondrand wieder hervor: Diamantring, Perlenschnur, wachsende Sichel. Mutter Natur hat ihr Wunder vollbracht und das Licht wieder angeknipst. Das Publikum gibt Standing ovations. Umarmungen. Emotionen. Da und dort eine Träne. Während die Nacht in Richtung Guadeloupe und Antigua davonrast, erwacht Aruba wieder zum Leben. Die Kreuzfahrtschiffe stoßen ins Horn, und der Verkehr flutet allmählich zurück nach Oranjestad.

15.35 Uhr. Erst jetzt gibt der Mond die Sonne über Aruba vollständig frei. Inzwischen hat der Kernschatten schon den Atlantik überquert und die Erde bei den Kanarischen Inseln verlassen. Drei Stunden und 23 Minuten hat sein Streifzug über den Globus gedauert. Auf der Rückfahrt nach Oranjestad sind wir noch wie in Trance.

Insgeheim denkt jeder von uns schon ans nächste Mal. In Aruba werden wir nicht mehr dabeisein, denn hier findet erst in 600 Jahren eine Wiederholung statt. Aber im nächsten Jahr – bei der letzten totalen Sonnenfinsternis in diesem Jahrtausend – müssen wir nicht weit verreisen. Denn dann schickt der Mond seinen Schatten über Europa.

Die Hauptdarsteller

Die Sonne

Den Menschen der Frühzeit muß die Sonne ein Rätsel gewesen sein. Sie spendete Wärme und Licht, eine Voraussetzung für das irdische Leben, aber sie brachte auch Trockenheit, Dürre und Tod. Der Segen, der von ihren Strahlen ausging, konnte jederzeit in eine Bedrohung umschlagen. Als die Völker seßhaft wurden und die Erde zu kultivieren begannen, gewann der Kalender an Bedeutung, da Aussaat und Ernte von der Jahreszeit abhängen. Um sie zu kennen, mußte die Sonne beobachtet werden. Ihr höchster und niedrigster Stand wurden als Sonnenwenden gefeiert. Je mehr sich der Mensch seiner Abhängigkeit von der Sonne bewußt war, um so tiefer verehrte er sie. Kein Wunder, daß er den Stern als heilig ansah. Unabhängig voneinander haben fast alle frühen Kulturen der Sonne als Gottheit gehuldigt.

Ra – der Sonnengott am Nil

Jeden Morgen bestieg der Herrscher des Himmels, Ägyptens Sonnengott Ra, seine Barke und zog am Firmament von Osten nach Westen. Auf seiner täglichen Reise wurde er von zahlreichen anderen Göttern begleitet. Die Sonnenbarke steuerte durch die zwölf Regionen des Himmels, die die Stunden des Tages symbolisierten. Für Ra war die Fahrt äußerst gefährlich, denn in den Tiefen des Kosmos lauerte sein Erzfeind

Während der Nacht reist der ägyptische Sonnengott Ra durch die Unterwelt.

Apep. Ständig versuchte der Dämon in Gestalt eines Krokodils oder einer Schlange, den strahlenden Gott zu vernichten. Während einer Sonnenfinsternis oder bei Sandstürmen schien es ihm fast zu gelingen. Aber letztlich ging Ra aus den kosmischen Schlachten immer als Sieger hervor. Und am Ende des Tages stieg er in die Nachtbarke um und segelte durch die finsteren Regionen der Unterwelt zum Ausgangspunkt seiner täglichen Reise zurück. Ra, dessen Name soviel wie »Schöpferkraft« bedeutet, zählt zu den ältesten Göttern am Nil. Seine Wiege stand in Heliopolis in Unterägypten. Die Pharaonen verstanden sich als Söhne des Ra und ließen sich so titulieren (»Sa-Ra«). Schon bald nahm Ra aber auch die Attribute anderer Gottheiten an. Er verschmolz mit dem falkenköpfigen Horus und später mit dem mächtigen Hauptgott von Theben (Amun), wo er lange als Amun-Ra verehrt wurde.

Helios – die Sonne der alten Griechen

In der Vorstellung der Griechen lenkte der Sonnengott Helios, ein Enkel des Himmelsgottes Uranos, seinen goldenen Wagen über das Firmament. Tag für Tag zog ihn ein feuriges Vierergespann verläßlich vom Morgen zum Abend. Nur Herakles, den die Hitze des Sonnenwagens beim Lösen seiner zehnten Aufgabe störte, brachte einmal die Rösser mit einem gezielten Pfeilschuß zum Stehen. Und Zeus wollte mit List einen Streit um den Thron von Mykene schlichten, als er Helios auftrug, den Wagen rückwärts zu lenken. »Dieser wendete sein Gefährt und raste, die Pleiaden und alle Gestirne mit sich reißend, den Weg zurück, so daß die Sonne im Osten unterging. Über die Erde breitete sich tiefschwarze Nacht«, schrieb der griechische Dichter Apollodoros. Noch dramatischer ist freilich die Geschichte, die uns Ovid in seinen »Metamorphosen« erzählt. Da verlangte Phaeton, Helios' Sohn, einmal mit dem Wagen zu fahren. Der Vater fühlte sich an ein Versprechen gebunden und gab schließlich nach. Aber Phaeton konnte – wie befürchtet – die Pferde nicht zügeln und raste in wilder Fahrt hinauf und hinunter. Er kam der Erde so nahe, daß die Äthiopier braun gebrannt wurden und Libyen zur Wüste verdorrte. Um das Chaos zu beenden, sandte Zeus einen Blitz, und Phaeton stürzte tödlich getroffen vom Himmel. Helios trauerte um seinen Sohn. Als er sein Antlitz verbarg, soll er erstmals eine Sonnenfinsternis ausgelöst haben. Danach übergab er die Zügel allmählich an den jugendlichen Gott Apoll: Der Sohn des Zeus mit dem Beinamen »Phoibos« (der Strahlende) übernahm das Amt, die Welt zu erleuchten – auch im geistigen Sinn.

Als Nachfolger des Helios steuert Apoll den Sonnenwagen.

Tonatiuh – die Sonne der Azteken

Fordernd streckt Tonatiuh, der Sonnengott der Azteken, seine Zunge aus dem Maul, als müsse er stets an seine zwanghafte Gier nach menschlichem Herzblut erinnern. Priester und Könige ließen ihm Heere von Gefangenen opfern, nur um sein Ende hinauszuschieben! Die Hieroglyphen auf dem 24 Tonnen schweren »Aztekischen Kalenderstein«, der Tonatiuh geweiht ist, zeigen die zwanzig Tageszeichen des heiligen mexikanischen Kalenders. Aber sie spiegeln auch das Weltbild dieses sagenhaften Volkes wider: das duale Prinzip des Werdens und Vergehens, das auf zwei göttlichen Gegenspielern beruht: Quetzalcoatl, die »Gefiederte Schlange«, und Tezcatlipoca, der »Rauchende Spiegel«, liegen ewig im Streit und zwingen die Welt in ein Korsett aus Schöpfung und Untergang. Die vier quadratischen Felder rund um Tonatiuhs Antlitz erzählen von den vier bereits untergegangenen Welten, die die Götter einst schufen und wieder zerstörten: Jaguare, Wind, Feuer und Wasser riefen die Katastrophen hervor. Auch die fünfte Welt, die Tonatiuh gerade für die Azteken erhellt, ist nur geliehen. Ihr Untergang steht am »Tag der Bewegung« bevor: Ein gewaltiges Erdbeben wird alles vernichten. Aber das Ende läßt sich verzögern, solange Tonatiuh ausreichend Menschenblut trinkt.

Der »aztekische Kalenderstein« ist dem Sonnengott Tonatiuh geweiht.

Inti – der Sonnengott der Inka

»Mögest du niemals alt werden, mögest du ewig jung bleiben und jeden Tag am Himmel aufgehen, um das Land mit deinen Strahlen zu erhellen!« So lautete ein Gebet an den Sonnengott Inti im alten Peru. Die Menschen, die ihn verehrten, dienten auf Erden seinem eingeborenen Sohn: Sapa Inka, Intip Churin, der »einzige Inka« war »Sohn der Sonne« und mächtigster Herrscher der Neuen Welt. Gottgleich regierte er von seiner Residenzstadt Cuzco aus ein Imperium in den Anden: »Tahuantinsuyu«, das Land der vier Regionen. Inti erhellte es als Staatsgott und machte es mächtig und reich. Dafür war sein Kult hervorragend organisiert: In Klöstern dienten ihm Sonnenjungfrauen, und ein Heer von Priestern betreute die Stätten seiner Verehrung. Vor allem das Sonnen-

Sonnenfest der Inka in Cuzco, Peru. Ein Nachfahre des Inka-Königs Inka Roca wird in einer vergoldeten Sänfte zum Schauplatz des Festes getragen.

Inti – die goldene Sonnenscheibe der Inka.

heiligtum in Cuzco, die »Coricancha«, war das Zentrum der Welt und strotzte vor Gold. Mauern, mit armdicken Platten verkleidet, umschlossen einen Garten mit Pflanzen und Tieren aus Gold und die tonnenschwere glänzende Scheibe, die den Gott mit menschlichen Zügen zeigte. Gold wurde als Intis Schweiß angesehen und galt als mystisches Zeichen für die Auserwähltheit des Inka. Der Souverän baute indessen Observatorien, um Intis Lauf und die Länge des Jahres bestimmen zu lassen. Wenn mit der Wintersonnenwende der südlichen Hemisphäre ein neues Jahr begann, lud der Inka zum größten Fest des Imperiums ein: Das »Inti Raymi« von Cuzco gibt es noch heute. Als Sonnenfest hat es den Inka und seine Macht überlebt.

Erst in jüngerer Zeit verlor die Sonne den Nimbus der Heiligkeit. Heute sind die Astronomen überzeugt, daß das Universum aus mehreren 100 Milliarden Galaxien besteht und jede Galaxie aus ebenso vielen Sternen. Mindestens ein Prozent der Sterne ist wie unsere Sonne beschaffen. Unter diesem Gesichtspunkt ist sie nichts Außergewöhnliches: ein glühender Gasball, der sich von Trillionen vergleichbarer Sterne nur dadurch unterscheidet, daß er – rund 30 000 Lichtjahre vom Zentrum entfernt – an einer bestimmten Stelle unserer Galaxie, der Milchstraße, steht. Mit ihr dreht sich die Sonne samt ihren neun Planeten um das galaktische Zentrum.

Die Entstehung der Sonne liegt etwa 4,5 Milliarden Jahre zurück. Zeitgleich und aus derselben interstellaren Materiewolke entstanden wahrscheinlich auch die Planeten: Merkur, Venus, Erde, Mars, Jupiter, Saturn, Uranus, Neptun und Pluto (nach ihrem Sonnenabstand aufgezählt).

Neben den Planeten umfaßt unser Sonnensystem noch eine Vielzahl von Monden, Kleinplaneten, Kometen und Meteoriten. Den Astronomen des Altertums waren nur die fünf hellsten Planeten bekannt: die sogenannten *Wandelsterne* von Merkur bis Saturn, die ihrer Vorstellung nach die Erde umkreisten. Der ferne Uranus ist schon so lichtschwach, daß er erst 1781 entdeckt wurde. Neptun und Pluto folgten 1846 und 1930. Nur die Lage der Erde mit ihrer durchschnittlichen Entfernung von der Sonne von 149,6 Millionen Kilometer war für die Entstehung von Leben ideal. Auf Pluto herrschen eisige Temperaturen. Während das Sonnenlicht zu ihm mehr als vier Stunden braucht, erreicht es die Erde in knapp 8 1/2 Minuten.

Die Sonne in Zahlen

Der Sonnendurchmesser ist mit 1 392 000 Kilometern 109mal größer als jener der Erde. Sie hätte in ihr 1,3 Millionen mal Platz. Die mittlere Dichte der Sonnenmaterie ist jedoch mit 1,41 t/m^3 im Vergleich zur Erde mit 5,52 t/m^3 äußerst gering. 150 000 Kilometer unter der Sonnenoberfläche ist sie mit der Dichte atmosphärischer Luft vergleichbar, in der Hälfte ihrer Tiefe mit der von Wasser. Dennoch ist die Sonnenmasse – bedingt durch ihre Größe – gigantisch. Sie konzentriert sich um die Kernzone und beträgt das 333 000fache der Erde oder 99,85 Prozent des gesamten Sonnensystems. Aus der gewaltigen Masse resultiert die hohe Anziehungskraft: Ein Mensch, der auf unserem Planeten 70 Kilogramm wiegt, müßte auf der Sonne fast zwei Tonnen (er)tragen.

Chemische Zusammensetzung

Etwa seit dem Beginn des 20. Jahrhunderts werden die Bausteine der Sonne erforscht. Sie sind typisch für das gesamte Universum. Leichte Elemente – etwa 75 Prozent Wasserstoff und 25 Prozent Helium – bilden den Hauptanteil. In sehr geringen Mengen wurden auch schwerere Elemente, die auf der Erde vorkommen, gefunden (weniger als 0,1 Prozent).

Kernfusion und Strahlung

Extrem hoher Druck und Temperaturen bis zu 15 Millionen Grad führen im Sonneninneren zu einem »thermonuklearen« Fusionsprozeß, bei dem Wasserstoffkerne zu Heliumkernen verschmelzen. Dabei werden etwa sieben Promille der Reaktionsmasse in Energie umgewandelt. Neben einer geringen Menge von Gammastrahlen sendet die Sonne das gesamte elektromagnetische Spektrum aus: Röntgenstrahlen, UV-Licht, sichtbares Licht, Infrarotstrahlung und Radiowellen. Es heißt, daß die abgestrahlte Energiemenge ausreichen würde, um das Wasser aller Ozeane auf der Erde in einer einzigen Sekunde zum Kochen zu bringen.

Die Photosphäre

Als Photosphäre bezeichnen wir die turbulente Oberfläche der Sonne. Mit einer durchschnittlichen Temperatur von etwa 6000 Kelvin und einer Dicke von 400 Kilometern stellt sie jene grell leuchtende Schicht dar, die wir mit bloßem Auge sehen. Um 1610 entdeckte *Galileo Galilei* (1564–1642) erstmals rätselhafte *Sonnenflecken* auf der Photosphäre, die eine Lebensdauer von wenigen Stunden bis zu vielen Monaten haben. Sie hängen mit zyklischen Veränderungen im Sonnenmagnetfeld zusammen. Extrem hohe magnetische Kräfte hemmen an bestimmten Stellen die Bewegung der Gase. Wenn sie abkühlen, läßt auch ihre Strahlung nach, daher erscheinen sie dunkler als ihre Umgebung. Die Anzahl und Größe der Sonnenflecken erreicht etwa alle elf Jahre ein Maximum. Dieser sogenannte *Sonnenfleckenzyklus* verursacht eine Reihe von periodisch auftretenden Phänomenen (wie Flares oder Protuberanzen). Über der Photosphäre liegen die beiden Schichten der Sonnenatmosphäre. Sie sind wegen ihrer weitaus geringeren Helligkeit unter gewöhnlichen Umständen unsichtbar.

Die Chromosphäre

Die Chromosphäre besteht aus einer etwa 3000 Kilometer dicken Schicht aus hochverdünnten, heißen Gasen. Ihre Temperatur liegt in den inneren Lagen bei rund 4500 Grad und steigt nach außen hin bis auf eine Million Grad an, wobei sich die Gasdichte erheblich verringert. In den aktivsten Zonen der Chromosphäre kommt es immer wieder zu hochenergetischen Sonneneruptionen, sogenannten *Flares*, die meist nur wernige Minuten dauern und gewaltige Teilchen- und Energiemengen (Strahlung) ins All schleudern. In der äußeren Chromosphäre entstehen Sonnenblitze durch die Umwandlung von magnetischer Energie in thermische.

Die Korona

Über der Chromosphäre liegt die Korona als äußerste Hülle der Sonnenatmosphäre. Aus ihrem inneren Bereich strömen elektrisch geladene, atomare Teilchen (der sogenannte Sonnenwind) an den Magnetfeldlinien der Sonne nach außen, wo ihre Konzentration immer geringer wird: Die Dichte der Korona entspräche auf der Erde einem Hochvakuum. Die Teilchen weisen jedoch strahlenförmige Bündel auf, die mehrere Sonnendurchmesser weit in den interplanetaren Raum hinausreichen und bis zu zwei Millionen Grad heiß sind. Während sich das rötliche Licht der Chromosphäre und das der inneren Korona jederzeit mit einem Protuberanzenfernrohr oder Koronographen beobachten läßt, wird die äußere Korona nur bei einer totalen Sonnenfinsternis sichtbar. Wenn der Mond die etwa eine Million Mal hellere Photosphäre verdeckt, hebt sich die Korona als leuchtender Strahlenkranz gegen den verdunkelten Himmel ab.

Protuberanzen

Protuberanzen gehören zu den eindrucksvollsten Phänomenen der Sonne. Die rotglühenden Gasformationen, die in der Chromosphäre entstehen, reichen oft weit in die innere Korona hinein. Mit freiem Auge sind sie nur während einer totalen Sonnenfinsternis sichtbar. Meistens verlaufen sie an den Feldlinien starker Magnetfelder entlang und formen riesige Bögen. *Ruhende Protuberanzen* sind von langer Lebensdauer und äußerst stabil, *eruptive Protuberanzen* katapultieren die glühenden Gase dagegen mit hoher Geschwindigkeit bis zu einer Million Kilometer hoch. Ihre Temperatur bleibt aber weit unter der der Korona. Wie die Sonnenflecken ist auch die Anzahl und Größe der Protuberanzen dem Sonnenfleckenzyklus unterworfen.

Lebensdauer der Sonne

Durch die ständige Abstrahlung von Energie und Partikeln verliert die Sonne etwa vier Millionen Tonnen Masse pro Sekunde. Ihr Kernbrennstoff mag noch für drei bis fünf Milliarden Jahre ausreichen. Wenn der Wasserstoff in ihrem Inneren aber zu Ende geht, zieht sich der Kern langsam zusammen. Bei steigenden Temperaturen wird dann das Helium zu Kohlenstoff »verbrannt«. Durch den wachsenden Gasdruck bläht sich das Sonnenplasma zu einem »Roten Riesen« auf: Seine Atmosphäre wird die sonnennahen Planeten, wahrscheinlich auch die Erde, verschlucken. Nach Millionen von Jahren – wenn der Fusionsprozeß im Inneren endet und kein Gasdruck mehr der Schwerkraft

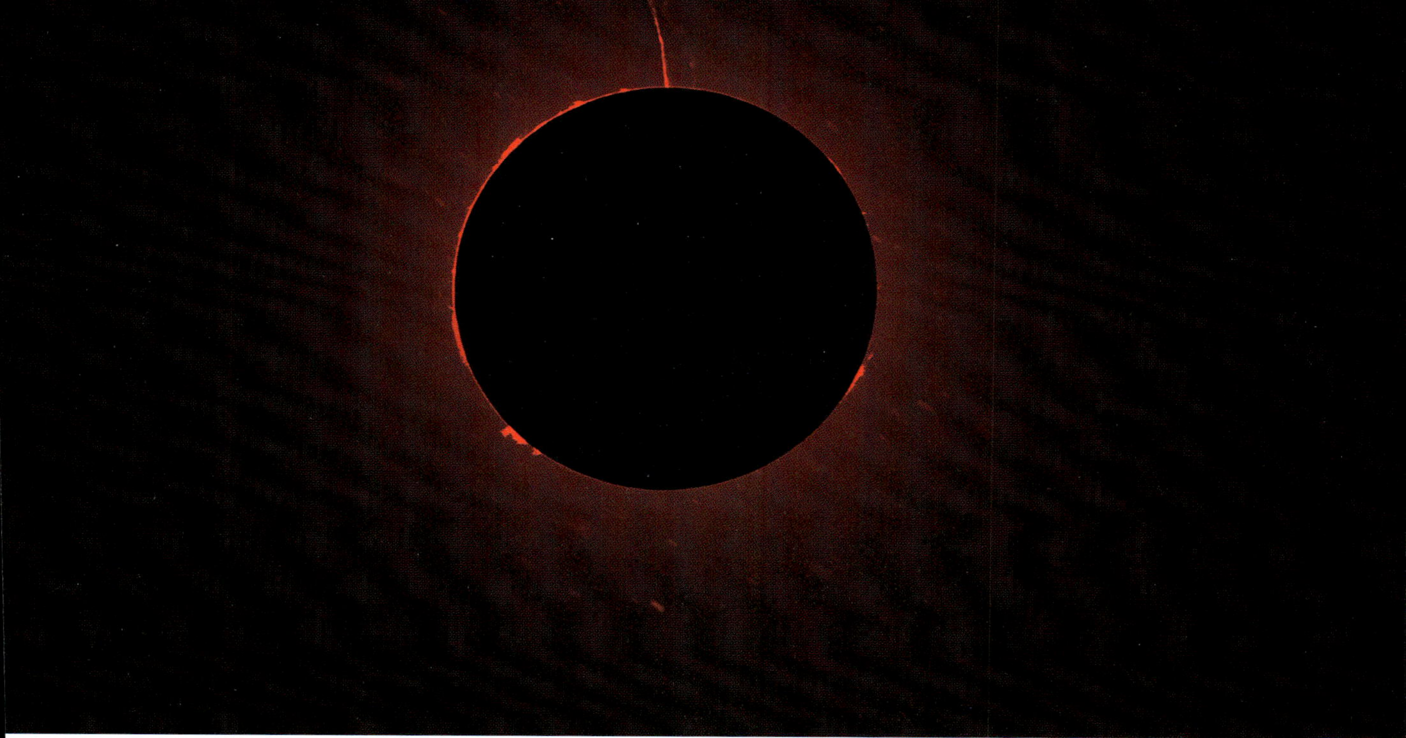

entgegenwirkt – wird die Sonne einen Schwerkraftkollaps erleiden und etwa auf die Größe der Erde zusammenstürzen. Was übrigbleibt, ist ein »Weißer Zwerg«, klein und heiß, bis er abkühlt und als »Schwarzer Zwerg« endet. Dieser wird sehr dicht (1t/cm^3), kalt und ohne eigenes Licht sein.

Eruptive Protuberanzen katapultieren glühende Gase weit ins All hinaus.

Der Mond gilt als Symbol der Astralwelt.

Der Mond

Die geringe Schwerkraft des Mondes ist nicht in der Lage, eine Atmosphäre zu bilden: Gasmoleküle verflüchtigen sich. Zwar wurden Spuren von Wasserstoff, Helium, Argon und Neon nachgewiesen, aber es existiert keine Hülle, die die Mondoberfläche vor extremen Temperaturen bewahrt: Sie schwanken zwischen 120 Grad Celsius am Tag und minus 150 bei Nacht. Das Fehlen von Gasen und Wasser schützt den Mond zwar vor Erosion, aber nicht vor vulkanischen Kräften und dem Aufprall von Meteoriten. Die Mondoberfläche ist von Kratern übersät. Sie sind bis zu 3000 Meter tief und weisen Durchmesser bis zu 100 Kilometer auf. Gewaltige Meteoriten müssen den Mond schon bombardiert haben, als seine ursprünglich heiße und flüssige Oberfläche allmählich zu erstarren begann. Damals entstanden die ältesten Gebirge des Mondes. Daneben existieren großflächige dunklere Regionen, die mit freiem Auge erkennbar sind. Es heißt, Galileo Galilei glaubte noch, sie seien mit Wasser gefüllt. Die Bezeichnung »Meere« ist heute noch üblich. In Wirklichkeit bestehen diese Regionen aus erstarrter Lava, die von heftigen Vulkanausbrüchen stammt. Da die Lavaflächen eine geringere Kraterdichte als andere Mondgebiete aufweisen, scheinen die gewaltigen Ausbrüche erst eingesetzt zu haben, als das Meteoritenbombardement vor etwa 3,9 Milliarden Jahren allmählich zu Ende ging. Geoseismische Forschungen haben indessen ergeben, daß den Mond jährlich rund 3000 schwache Beben erschüttern. Seine Schichten unter der 60 Kilometer starken Kruste sind – wie das Erdinnere – immer noch heiß. Sein Kern mit einem Durchmesser von rund 1 000 Kilometern ist wahrscheinlich flüssig.

Mit dem Start der sowjetischen Mondsonde »Luna 1« im Jahr 1959 bzw. mit der ersten Mondlandung durch »Luna 9« am 4. Februar 1966 begann die direkte Erforschung des Mondes. Seit ihn die US-Astronauten Neil Armstrong und Michael Collins am 20. Juli 1969 als erste Menschen betraten, hat sich unser Wissen beachtlich erweitert. Dennoch ist uns bis heute nicht klar, wie die Partnerschaft zwischen Erde und Mond einst begann. Sind sie als Doppelgebilde aus derselben Materiewolke entstanden? Oder hat sich der Mond von der Erde durch einen Planetoideneinschlag gelöst, als diese noch flüssig war? Vielleicht ist er sogar aus dem Weltraum gekommen und wurde von der irdischen Anziehungskraft eingefangen. Es gibt viele Theorien. Sicher ist nur, daß die Wanderung des Mondes um die Erde schon lange andauert: etwa vier Milliarden Jahre.

Zunehmender Mond. Die dunklen Flächen sind Lavafelder.

Der Mond sendet kein eigenes Licht aus. Deshalb könnten wir vielleicht auch ohne ihn leben. Daß er aber als unser Nachbar am Himmel einen Einfluß auf die Erde ausübt, ist unbestritten. Seine Anziehungskraft äußert sich sichtbar in den Gezeiten, indem sie die Wasseroberfläche der Ozeane bis zu 70 Zentimeter hebt und an bestimmten Küsten haushohe Flutwellen auftürmt. Die Mondgezeiten sind 2 1/2 Mal stärker als jene der Sonne. Stehen Sonne, Mond und Erde bei Vollmond oder Neumond annähernd auf einer Geraden, dann überlagern sich beide Flutberge und rufen eine Springflut hervor. Bilden sie aber bei Halbmond mit der Erde einen rechten Winkel, dann hebt die Wirkung der Sonne die des Mondes teilweise auf: Mondflut und Sonnenebbe treffen zusammen und verursachen eine niedrigere Nippflut (siehe Mondphasen).

Weniger augenscheinlich als die gewaltigen Gezeitenkräfte des Mondes ist sein Einfluß auf unser Leben, zum Beispiel auf die menschliche Psyche. Der Mond gilt als Symbol der »Astralwelt«: die Dimension der Träume, Gefühle und Phantasie. Er soll Sehnsüchte wecken und Visionen auslösen. Abgesehen davon, daß der Vollmond Romantiker in die Nacht hinauszieht, soll er Mensch und Tier tatsächlich unruhig machen. Sensible Menschen berichten von Schlafstörungen und intensiveren Träumen, manche Menschen leiden gar unter Aggressionen. Die Polizei – heißt es – hat mehr zu tun als in gewöhnlichen Nächten, denn die Gewaltbereitschaft nimmt zu, und angeblich steigt das Verkehrsrisiko.

Es scheint recht glaubhaft, daß das gehäufte Auftreten der genannten Phänomene zeitlich mit dem Vollmond verknüpft ist. Ein kausaler Zusammenhang ist aber schwer nachweisbar, auch bei der Wirkkraft des Mondes im physischen Sinn. Es ist vorstellbar, daß er das Wachstum der Pflanzen, ja sogar organische Vorgänge im menschlichen Körper beeinflußt, aber darüber wird noch gestritten. Was die einen als Aberglauben und esoterischen Firlefanz abtun, ist für die anderen fester Bestandteil einer ganzheitlichen Lebensphilosophie.

Die Alten waren sich einiger. Sie sahen in den Konstellationen von Sonne und Mond eine Uhr, die ihren Daseinsrhythmus bestimmte. Die einstige kultische Bedeutung des Mondes zeigt sich noch in unseren mondabhängigen Festen (zum Beispiel Ostern). Daß viele Völker den Mond als weiblich ansehen, geht aus den Sprachen hervor. Die »Mondin« war vielfach Herrin über Fruchtbarkeit und Geburt und wurde als Schutzgöttin der Frauen verehrt. Die Cuna-Indianer in der Karibik gehen noch weiter. Unter ihnen gibt es viele Albinos. Der Stamm schreibt diesen Umstand dem Einfluß des Mondes zu und nennt die weißen Mitglieder »hijos de la luna« – Mondsöhne. Sie gelten als Erfinder der uralten Cuna-Schrift und werden als weise verehrt – eine Facette des indianischen Weltbilds. Sehr bedeutungsvoll scheint ein Wort der Maori Neuseelands: Sie bezeichnen die Menstruation der Frauen als »Mondkrankheit«. Vielleicht ein Indiz, daß die Menstruation früher mit dem Mondzyklus übereinstimmte.

In den westlichen Industrienationen war der Glaube an die Kräfte des Mondes schon fast verschwunden. Erst seit dem Boom der Esoterik wird er wiederbelebt. Da heißt es beispielsweise: Der zunehmende Mond führt zu, baut auf, absorbiert und speichert Energie. Dies ist die Zeit für Erholung und Schonung, alles für Körper und Seele zu tun, was Kräfte sammelt und regeneriert. Im Garten sollte man pflanzen, was aufwärts wächst (Obst, Blumen etc.). Der abnehmende Mond hingegen spült, schwitzt und atmet aus. Er legt uns Aktivität und Energieverbrauch nahe und unterstützt die Entschlackung von Körper und Geist. In dieser Phase sollte der Bauer jäten und ernten bzw. alles, was nach unten wächst, pflanzen (Karotten, Kartoffel etc.). Bei Neumond, dem Anfang der zunehmenden Phase, ist der Beginn einer Fastenkur sinnvoll. Kranke Bäume – bei Neumond beschnitten – erholen sich wieder. Bei Vollmond soll man hingegen Heilkräuter sammeln, weil sie dann stärker wirken. Außerdem sagt man, daß Wunden mehr bluten und die Zahl der Geburten bei Vollmond steigt.[1]

Die Mondphasen

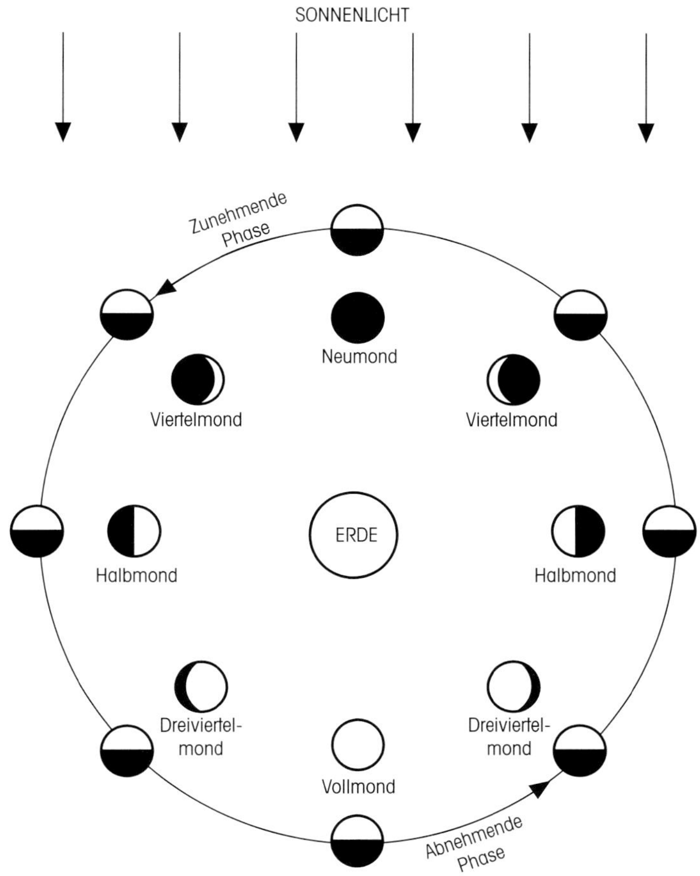

Grafik 1: Die Mondphasen.

Der Mond ist als erdnächster Himmelskörper der einzige natürliche Satellit unseres Planeten. Seine Durchschnittsentfernung von der Erde beträgt 384 500 Kilometer. Er dreht sich gleichförmig um seine Polachse und bewegt sich – von oben betrachtet gegen den Uhrzeigersinn – mit einer mittleren Geschwindigkeit von 1 km/sec um die Erde, legt also in einer Stunde etwa seinen eigenen Durchmesser zurück. Für einen ganzen Erdumlauf benötigt er genauso lang wie für eine volle Umdrehung um seine Achse. Diese Übereinstimmung führt dazu, daß von der Erde aus immer dieselbe Seite des Mondes zu sehen ist.
Auf seiner Wanderung um die Erde wird der Mond von der Sonne beschienen. Deshalb zeigt er uns jeweils verschiedene Phasen, die davon abhängen, ob und aus welcher Richtung die uns zugewandte Seite des Mondes beleuchtet wird. Bei *Neumond* bleibt sie dunkel und unsichtbar, weil das Sonnenlicht von hinten auftrifft. Bei *Vollmond* wird die erdnahe Hälfte zur Gänze von der Sonne bestrahlt, in den Phasen dazwischen nur teilweise von Westen oder von Osten: Der Mond nimmt zu oder ab.

[1] Vgl. Paungger/Poppe: Vom richtigen Zeitpunkt

Siderischer und synodischer Monat

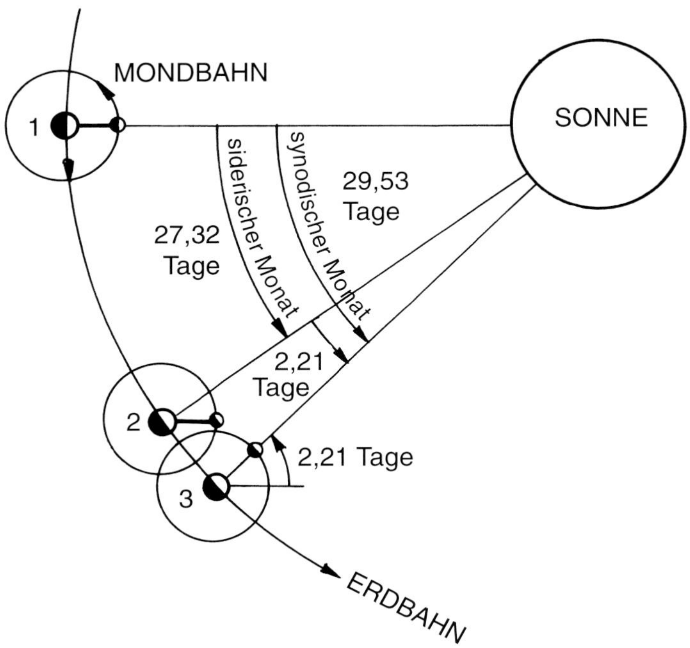

Grafik 2:
Der siderische
und der synodische
Monat.

Graphik 2 zeigt die Erde in drei verschiedenen Positionen auf ihrem Weg um die Sonne und die dazugehörige Stellung des Mondes. In der Position 1 steht der Mond zwischen Erde und Sonne (Neumond). Während sich die Erde bis zur Position 2 weiterbewegt, vollendet der Mond einen vollen Umlauf um die Erde. Er benötigt dafür einen Zeitraum von *27,32166* Tagen, den wir als *Siderischen Monat* bezeichnen. Der Mond erscheint dann wieder an derselben Stelle des Fixsternhimmels wie von Position 1 aus gesehen. Neumond tritt jedoch erst wieder ein, wenn der Mond das nächste Mal zwischen Erde und Sonne steht (Position 3). Der Zeitraum zwischen zwei gleichen Mondphasen (z. B.: Neumond – Neumond) heißt *Lunation* oder *synodischer Monat* und dauert *29,53059* Tage, d.h. 2,21 Tage länger als die Umlaufzeit des Mondes um die Erde. Das griechische Wort *synodos* (Begegnung, Zusammentreffen) weist darauf hin, daß sich der Neumond ein Stelldichein mit der Sonne gibt, indem er zwischen sie und die Erde tritt.

Vergleich Mond – Erde – Sonne

	Mond	**Erde**	**Sonne**
Durchmesser (km)	3 476	12 756	1 392 000
mittlere Dichte (t/m^3)	3,34	5,52	1,41
mittlere Entfernung (km)	384 500	–	149,6 Mio
Fluchtgeschw. (km/sec)	2,4	11,2	618
Die folgenden Zeilen geben an, wie sich der Mond mit dem Wert 1 zur Erde und die Erde zur Sonne verhält.			
Schwerkraft	1	6 x	28 x
Durchmesser	1	3,7 x	109 x
Volumen	1	49 x	1 300 000 x
Masse	1	81 x	333 000 x

Der Kosmos als Miniaturmodell

Stellen wir uns den Kosmos im Maßstab 1:500 Millionen vor. Der Mond hätte dann die Größe einer Erbse. Im Abstand von etwa 75 Zentimetern stünde die Erde, etwas kleiner als ein Tischtennisball. Wie groß wäre die Sonne und ihre Distanz von der Erde? Es klingt unfaßbar, aber das Modell zeigt: Die Sonne hätte einen Durchmesser von 2,80 Metern und wäre 300 Meter von uns entfernt. Wer das Gedankenspiel fortsetzt, erhält einen Einblick in die gewaltigen Dimensionen des Universums. Pluto, der äußerste Planet, umkreist die Sonne in einem mittleren Abstand von zwölf Kilometern. Der nächste Stern, Proxima Centauri, ist 80000 Kilometer weit weg: Das entspricht der zweifachen Länge des realen Erdumfangs. Der nächste Schritt sprengt unser Vorstellungsvermögen: Ein Lichtstrahl braucht fast zwei Stunden, um in unserem Modell die Milchstraße zu durchqueren. Dabei befinden wir uns gedanklich noch immer in der Galaxie, zu der unsere Sonne gehört. Um die fernsten Sternensysteme am Rand des Modells zu erreichen, wäre der Lichtstrahl jahrzehntelang unterwegs. Und das in einem Maßstab, der schon schwer vorstellbar ist: Die Strecke von München nach Wien entspricht einem Millimeter.

Eine kurze Geschichte des Universums

So verblüffend dieser Größenvergleich sein mag, noch erstaunlicher sind die Erkenntnisse, die die Kosmologen unserer Zeit über die Entstehung und Art des Universums gewannen. Seit der bahnbrechenden Entdeckung des US-Astronomen Edwin Hubble wissen wir, daß sich das Weltall unentwegt ausdehnt. Die Galaxien (Sternsysteme) bewegen sich von unserer Milchstraße fort, und zwar um so schneller, je weiter sie von ihr entfernt sind. Man könnte das Weltall daher mit einer aufquellenden Blase vergleichen, auf deren Hülle die Galaxien als Punkte dargestellt sind. Wenn die Blase ihren Umfang auf das Doppelte aufbläht, verdoppeln sich im selben Zeitraum auch die (gekrümmten) Abstände zwischen den Punkten. Je weiter sie aber voneinander entfernt sind, um so größere Distanzen legen sie dabei zurück.

Unter dem Gesichtspunkt der ständigen Expansion liegt der Schluß nahe, daß das Universum einen zeitlich bestimmbaren Anfang gehabt haben muß. Könnte es sein, daß einst das gesamte Weltall in einem einzigen Punkt konzentriert war? Daß Raum, Zeit und Materie aus einer gewaltigen Explosion dieses Punktes im Nichts hervorgingen? Zahlreiche Indizien weisen auf so einen »Urknall« hin. Zum Beispiel die

Mikrowellen, die wir auf der Erde aus allen Richtungen des Weltalls erstaunlich gleichmäßig empfangen. Die Forscher sehen in dieser kosmischen Hintergrundstrahlung eine Art Glutrest der Anfangsexplosion: ein Relikt aus der Zeit, als das Universum noch unvorstellbar dicht, heiß und weißglühend war. Erst vor wenigen Jahren wurde die Temperatur dieser Strahlung von einem Satelliten genau gemessen. Daß sich das Ergebnis (2,7 Kelvin) mit den rechnerischen Prognosen der Astrophysiker deckt, untermauert die Glaubwürdigkeit des Urknall-Modells.

Offenbar existierte das Universum nicht immer. Wird es irgendwann enden? Oder setzt es seine Expansion ewig fort? Stephen Hawking listete in seinem Buch »Eine kurze Geschichte der Zeit« drei mögliche Szenarien auf. Er setzte voraus, daß die Anziehungskräfte der Materie die Expansion des Weltalls bremsen. Ist genug Materie vorhanden, wird der Kosmos eines Tages sogar zur Umkehr gezwungen, was in ferner Zukunft zu einem gigantischen Kollaps führen muß: die Rückkehr zu seinem punktförmigen Ausgangszustand. Reicht die Masse dafür nicht aus, wird die Expansion langsamer, bis die Anziehungskräfte über die gewaltigen Distanzen unwirksam werden. Danach dauert die Ausdehnung mit konstanter Geschwindigkeit in alle Ewigkeit an. Als dritte Möglichkeit schilderte Hawking noch einen Grenzfall, bei dem die Materiemenge gerade so groß ist, daß sie die Ausdehnung zwar stoppen, aber nicht umkehren kann. Dann würde das Universum irgendwann »statisch« in seinem aufgeblähten Zustand verharren.

Eine seriöse Prognose, welcher Fall einmal eintreten wird, blieb der Wissenschaft lange verwehrt. Niemand weiß nämlich, wieviel Masse der Kosmos tatsächlich enthält, da der Anteil an unsichtbarer, dunkler Materie kaum abschätzbar ist. Seit kurzem ziehen die Forscher aber Orientierungshilfen heran: extrem ferne Supernoven (explodierende Sterne) eines bestimmten Typs, von denen bekannt ist, wieviel Licht sie beim Zerbersten abstrahlen. Aus der Helligkeit, die in Teleskopen auf der Erde noch ankommt, folgt ihre Entfernung. Die Farbe des Lichts ist dagegen ein Maß für die Geschwindigkeit, mit der diese sterbenden Sterne von uns wegrasen. Daraus ließ sich ermitteln, daß ihre Reise schon 15 Milliarden Jahre dauert: die Zeit, die seit dem Urknall vergangen sein muß. Was sich darüber hinaus gezeigt haben soll, hat kaum ein Forscher erwartet: Der Kosmos – heißt es – wird sich ewig ausdehnen, denn trotz bremsender Wirkung der Anziehungskräfte nimmt seine Expansionsgeschwindigkeit ständig zu.[1] In der endlosen Leere zwischen den Galaxien wirkt allem Anschein nach eine unerklärbare, aber alles durchdringende Kraft.

Abb. S. 33: Das Universum dehnt sich aus. Orion-Nebel.

[1] Vgl. Artikel »Die Welt aus dem Nichts«, in: »Der Spiegel«, Nr. 52/1998, S. 171

Das kosmische Uhrwerk

Man muß kein Astronom sein, um die eisernen Regeln der »Reisenden Nacht« verstehen zu lernen. Was bei totalen Sonnenfinsternissen vordergründig geschieht, ist mit wenigen Worten gesagt: Der Mond verdeckt für eine Weile die Sonne, und sein Schatten fällt auf die Erde. Ein astronomischer Vorgang, der nur bei Konjunktion von Sonne und Mond – also bei Neumond – eintreten kann. Dabei geschehen erstaunliche Dinge: Verborgene Zusammenhänge treten zutage, und was vorher noch unwichtig schien, entpuppt sich plötzlich als eine Grundvoraussetzung: Wie kann der winzige Mond die riesige Sonne verdecken? Wie oft und wann kommt es dazu? Gibt es neben totalen Sonnenfinsternissen noch andere Arten? All dies sind Fragen, auf die man nicht gleich die richtigen Antworten weiß.

Wer einmal im Leben im Kernschatten des Mondes stand, wird sich immer an diese Erfahrung erinnern. Sie berührt die menschliche Seele auf eine unergründliche Weise, als hätte man zaghaft einen Blick in das Drehbuch des Universums getan. Einen Moment lang erahnt man die alles umfassende Ordnung und glaubt, in der bedrohlichen Stille der Totalität das Ticken des kosmischen Uhrwerks zu hören. Das Verrinnen der Zeit offenbart sich auf dramatische Weise in der Kürze der Totalität. Die Verknüpfung der Zeit mit dem Raum drückt sich im rasenden Tempo des Mondschattens aus: Wie der Zeiger einer gigantischen Sonnenuhr streicht er in wenigen Stunden über die Erde hinweg und erfüllt ein unbeugsames Gesetz.

Der Mondschatten

Stellen wir uns den Mondschatten einmal im Weltraum vor: Er ist der ständige Begleiter des Himmelskörpers und unterteilt sich in zwei Bereiche. Die äußeren Tangenten an Sonne und Mond begrenzen den Kernschatten, die sogenannte *Umbra* des Mondes: ein schlanker Kegel, in den nie ein Sonnenstrahl dringt. Seine Spitze weist stets von der Sonne weg, und seine Länge variiert zwischen 365 000 und 381 000 Kilometern. Im Vergleich dazu beträgt die Durchschnittsentfernung Erde – Mond 384 500 Kilometer. Für einen Beobachter in der Umbra ist die Sonne durch den Mond völlig verdeckt. Als *Penumbra* bezeichnet man hingegen den Halbschatten des Mondes. Sein Kegel liegt innerhalb der gekreuzten Tangenten an Sonne und Mond und hat keine

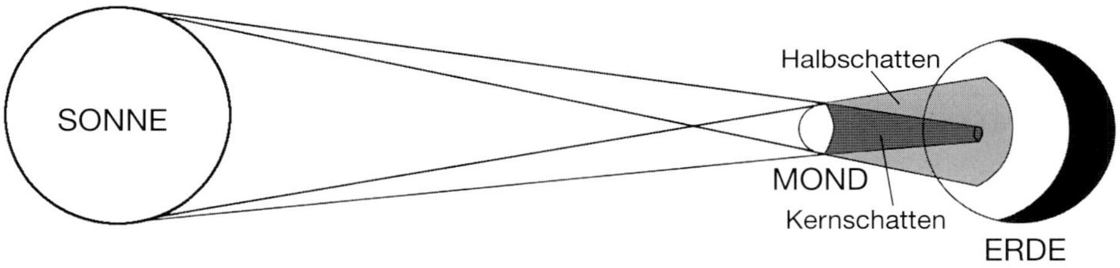

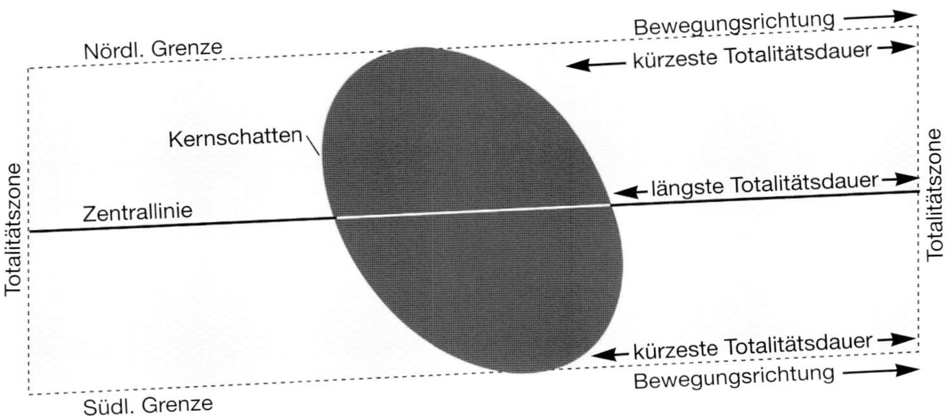

Grafik 3 und 4: Der Kernschatten des Mondes zeichnet sich auf der Erdoberfläche ellipsenförmig ab und beschreibt die sogenannte Totalitätszone.

Spitze, denn er wird im Raum immer breiter. In das Innere des Halbschattenkegels dringt ein Teil des Sonnenlichtes ein. Für einen Beobachter, der sich darin befindet, verdeckt der Mond daher die Sonne partiell. Ein Stück der Sonne ist immer zu sehen.

Trifft die Umbra auf die Erdoberfläche, dann zeichnet sie sich (ellipsenförmig) als dunkler Fleck ab. Die Spur, die der Schatten ostwärts über Landmassen und Ozeane beschreibt, nennen wir *Totalitätszone*, ihre Mittellinie heißt *Zentrallinie*. Die Breite dieser Zone beträgt selten mehr als 300 Kilometer. Bei einer durchschnittlichen Finsternis ist sie etwa 150 Kilometer breit und überstreicht ein halbes Prozent der Erdoberfläche. Nur wer sich zum richtigen Zeitpunkt in dieser Zone aufhält, erlebt eine totale Sonnenfinsternis. Aber die Dauer der Totalität ist nicht überall gleich. Sie nimmt mit wachsender Entfernung von der Zentrallinie ab. Am Rand der Totalitätszone steht der Beobachter mit einem Bein schon in der Penumbra und sieht die Sonne nur einen Augenblick ganz hinter dem Mond verschwinden. Aus dem Halbschatten gesehen – er kann zu beiden Seiten der Totalitätszone mehr als 4000 Kilometer weit reichen –, erscheint die Finsternis partiell und vergleichsweise unauffällig. Mit wachsendem Abstand von der Totalitätszone bedeckt der Mond die Sonne immer weniger. Außerhalb der Penumbra merkt man von der Finsternis nichts.

Voraussetzungen für Sonnenfinsternisse

Die Grundlagen für das tiefere Verständnis von Sonnenfinsternissen sind uns noch aus der Schule bekannt. Etwa, daß die Erde einmal im Jahr (365,24 Tage) die Sonne umrundet. Die fundamentale Erkenntnis, daß unser Planet nicht im Zentrum des Weltsystems steht, hatte schon der griechische Philosoph *Aristarch von Samos* (etwa 310–230 v. Chr.) um 280 v. Chr. – eine Idee, die sich damals nicht durchsetzen konnte und wieder in Vergessenheit geriet. Erst der Astronom *Nikolaus Kopernikus* (1473–1543) griff diesen Gedanken am Ende des Mittelalters wieder auf und entwarf das heliozentrische Weltbild: Die Planeten drehen sich um die Sonne. In seinem Hauptwerk »De revolutionibus orbium coelestium« (Die Umdrehungen der Himmelskörper) stellte Kopernikus das Ergebnis seiner jahrzehntelangen Arbeit umfassend dar und lieferte damit die Basis unseres heutigen Wissens: Für das Zustandekommen einer totalen Sonnenfinsternis müssen drei räumliche Bedingungen zeitgleich erfüllt sein.

Die »Neumondbedingung«

Auf ihrer Bahn um die Sonne legt die Erde jedes Jahr fast eine Milliarde Kilometer zurück. Währenddessen wird sie unermüdlich vom Mond umkreist. Bei Neumond, also wenn der Mond zwischen Sonne und Erde steht, ist die erdabgewandte Seite des Mondes beleuchtet, während die uns zugewandte Seite dunkel erscheint. In dieser Konstellation ist der Mond (in der Regel) nicht sichtbar. Allerdings zeigt sein Schatten nur dann in Richtung Erde. Die erste Bedingung für das Zustandekommen einer totalen Sonnenfinsternis lautet daher:

1. Es muß Neumond sein.

Leider wird die Erde nicht jedes Mal zu Neumond vom Kernschatten des Mondes getroffen, sondern im Durchschnitt nur etwa einmal in 1 1/2 Jahren. Meistens wandert der gesamte Mondschatten (Umbra und Penumbra) über dem Nordpol oder unter dem Südpol der Erde vorbei, und wir sehen nichts. Damit der Kernschatten auf die Erde trifft und der Neumond (während einer totalen Sonnenfinsternis) als schwarzes Loch in der Sonnenkorona erscheint, muß eine weitere Bedingung erfüllt sein.

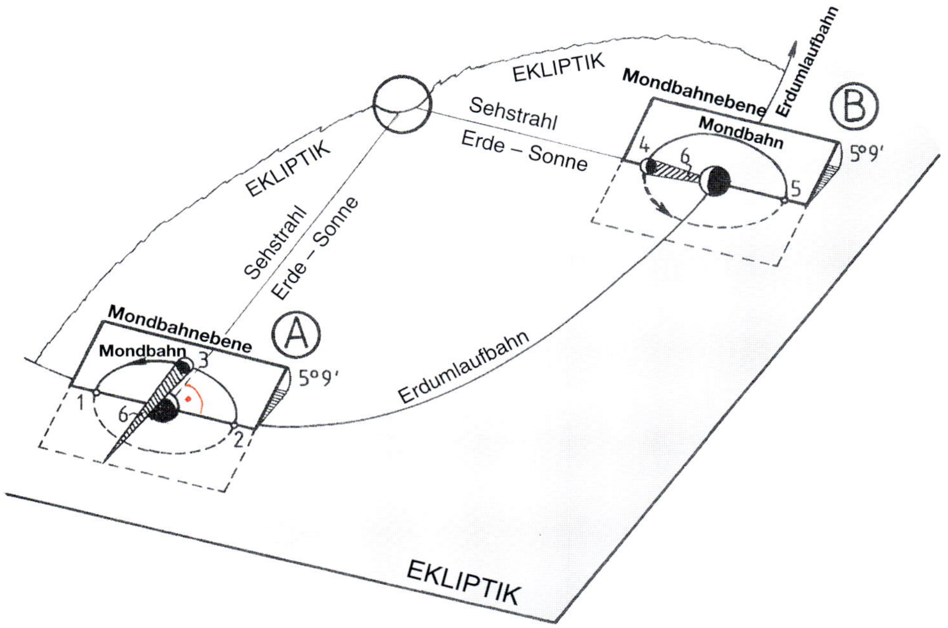

Grafik 5: Schematische Darstellung der Ekliptik mit der Mondbahnebene und den Mondknoten.

1 absteigender Mondknoten
2 aufsteigender Mondknoten
3 Neumond über der Ekliptik
4 Neumond auf der Ekliptik (im absteigenden Mondknoten)
5 aufsteigender Mondknoten
6 Kernschatten des Mondes

Die »Knotenbedingung«

Die Drehbewegung der Erde um die Sonne findet in einer Ebene statt, die wir als *Ekliptik* bezeichnen. Von der Erde aus gesehen ist es scheinbar die Sonne, die sich bewegt. Im Lauf eines Jahres wandert sie über den Himmel und zieht an den Sternbildern, die sich im Hintergrund befinden, vorbei. Egal ob wir nun die Erde oder die Sonne als ruhend betrachten, eines gilt sicher: Immer wenn wir von der Erde zur Sonne blicken, liegt die direkte Sichtverbindung in der Ekliptik. Ihr Name leitet sich vom griechischen Wort *ekleipsis* (Fehlen, Verschwinden) her und weist darauf hin, daß sie mit *Eklipsen* (= Finsternissen) in einem engen Zusammenhang steht. Aus ihm wird verständlich, warum nicht immer zu Neumond eine Sonnenfinsternis stattfinden kann.

Grafik 5 zeigt, daß die Umlaufbahn des Mondes um die Erde nicht in der Ekliptik liegt, sondern in einer Ebene, die zur Ekliptik unter einem (mittleren) Winkel von 5 Grad und 9 Minuten geneigt ist. Die Mondbahn liegt also zur Hälfte über und zur Hälfte unter der Ekliptik. Gewöhnlich steht der Mond höher (Detail A) oder tiefer als unser Sehstrahl zur Sonne, und der Schatten des Neumondes zielt über oder unter der Erde vorbei. Nur in zwei Schnittpunkten, den sogenannten *Knoten*, dringt der Mond alle 14 Tage durch die Ekliptik. Im *aufsteigenden Knoten* genau dann, wenn er in die obere Hälfte seiner Umlaufbahn eintritt, und im *absteigenden Knoten*, bevor er diese wieder nach unten verläßt. Beide Knoten liegen – gemeinsam mit der Erde – auf einer Geraden, die wir *Knotenlinie* nennen. Nur wenn der Neumond gerade in einem dieser beiden Schnittpunkte mit der Ekliptik steht (Detail B), befindet er sich samt seinem Schatten auf gleichem Niveau wie Sonne und Erde und kann unsere Sicht zur Sonne blockieren. Die zweite Bedingung für das Zustandekommen einer totalen Sonnenfinsternis lautet daher:

> 2. Der Neumond muß sich in einem der beiden Knoten befinden.

Wenn diese Bedingung 100prozentig erfüllt ist, liegen die Mittelpunkte von Sonne, Mond und Erde genau auf einer Geraden. Dann wäre eine totale Sonnenfinsternis freilich auch möglich, wenn Sonne, Mond und Erde nur Punkte im Raum wären. Weil das nicht der Fall ist – die Erde stellt immerhin eine Bühne von mehr als 12 700 Kilometer Durchmesser dar –, ist eine bestimmte Abweichung zulässig.

Toleranzwinkel für die Knotenbedingung

Für eine totale Sonnenfinsternis muß der Neumond nicht exakt in einem Mondknoten stehen. Wie aus Grafik 5, Detail A hervorgeht, steht er am höchsten über der Ekliptik, wenn die Knotenlinie mit dem Sehstrahl Erde – Sonne einen rechten Winkel bildet und sich der Neumond auf den absteigenden Knoten zubewegt: Dann zielt der Mondschatten über die Erde hinaus. Wandert das Erde-Mond-System aber weiter um die Sonne, dann wird dieser rechte Winkel immer spitzer, und der nächste Neumond befindet sich bereits näher an der Ekliptik. Im Detail B ist der Idealfall erreicht, der Winkel beträgt 0 Grad. Weil die Knotenlinie zur Sonne ausgerichtet ist, steht der Neumond in der Ekliptik, und sein Kernschatten trifft die Erde in der Mitte. (Die totale Sonnenfinsternis findet in der Region des Äquators statt.) Damit der Kernschatten die Erde gerade noch auf einer der beiden Polkappen trifft, darf sich der Mond etwas von der Ekliptik entfernen, und die Knotenlinie darf um einen bestimmten Toleranzwinkel[1] von der Sonne abweichen.

[1] Der erlaubte Toleranzwinkel liegt für eine totale Sonnenfinsternis bei etwa 10 Grad. Wie groß er tatsächlich sein darf, hängt davon ab, wie groß Sonne und Mond gerade am Himmel erscheinen und wie hoch die Umlaufgeschwindigkeiten von Erde und Mond sind.

Die »Größenbedingung«

Bei allem Verständnis für diese Fakten mag den Leser ein Umstand wirklich erstaunen: Wie kann der vergleichsweise winzige Mond die riesige Sonne verdecken, ist doch ihr Durchmesser rund 400mal größer als der des Mondes? Diese Frage ist offenbar falsch gestellt. Sie muß eigentlich lauten: Wie groß erscheinen uns Sonne und Mond am Himmel? Aufschlußreich ist ein einfaches Experiment, einmal bei Tag und einmal bei Nacht durchgeführt.

Experiment

Strecken Sie Ihre Hand so weit wie möglich von sich und versuchen Sie, die Sonne zwischen Ihren Zeigefinger und Daumen zu nehmen. Um Ihre Augen nicht zu gefährden, sollten Sie dabei unbedingt eine geeignete Schutzbrille tragen! Fixieren Sie den scheinbaren Sonnendurchmesser und führen Sie die Hand näher ans Auge. Wie groß erscheint die Sonne im Abstand einer Armlänge gemessen? Welcher vergleichbare Gegenstand hätte zwischen Ihrem Daumen und Zeigefinger Platz? Ein Tennisball? Ein Golfball? Eine Glasmurmel?

Probieren Sie dasselbe auch einmal nachts mit dem Vollmond! Wie groß erscheint er? Größer oder kleiner als die Sonne? Haben auch Sie die Sonne für größer gehalten? Das hat vielleicht mit ihrer starken Strahlkraft zu tun, die jene des Mondes bei weitem übertrifft. Ihr tatsächliches Größenverhältnis am Himmel bringt dieser Versuch auf erstaunliche Weise zutage: Sonne und Mond erscheinen etwa gleich groß. Oder besser: gleich klein. Denn ihre in Armweite gemessenen Durchmesser entsprechen dem einer Erbse. Der Winkel zwischen ihrem oberen und unteren Rand *(Winkeldurchmesser)* beträgt ungefähr 0,5 Grad.

Was die riesige Sonne für unser Auge auf das Format des Mondes verkleinert, ist leicht zu verstehen: Zwar ist sie etwa 400mal größer als dieser, aber auch rund 400mal weiter von uns entfernt. In erster Linie verdanken wir es daher diesem »Zufall«, daß der Mond überhaupt die Sonne verdecken kann und dann und wann eine totale Sonnenfinsternis verursacht. Allerdings bleiben die Entfernungen nicht ständig gleich.

Elliptische Umlaufbahnen

Nikolaus Kopernikus stellte sich die Umlaufbahnen der Planeten um die Sonne noch kreisförmig vor, mit der Sonne im Mittelpunkt. Würde sich die Erde aber gleichmäßig auf einer Kreisbahn um die Sonne drehen, dann müßte sich die Sonne – von der Erde aus gegen den Fixsternhintergrund betrachtet – im Laufe eines Jahres überall gleich schnell bewegen. Die Beobachtungen zeigten das Gegenteil, also nahm Kopernikus an, daß die Mittelpunkte der Kreisbahnen außerhalb der Sonne liegen (exzentrische Kreisbahnen). Erst *Johannes Kepler* (1571–1630), der sich vorwiegend auf Beobachtungen seines dänischen Lehrers *Tycho Brahe* (1546–1601) stützte, wies schließlich nach, daß nur die Annahme elliptischer Planetenbahnen zur Übereinstimmung mit den Meßdaten führte. Er formulierte daraus die drei fundamentalen »Keplerschen Gesetze«, deren erstes auch für das Zustandekommen von Sonnenfinsternissen eine gewisse Bedeutung hat:

> Die Planetenbahnen sind Ellipsen, in deren einem gemeinsamen Brennpunkt die Sonne steht.

Aus diesem Satz folgt, daß die Abstände der Planeten von der Sonne nicht konstant sind. Auch wenn die Bahnellipse der Erde einem Kreis sehr nahe kommt, bedingen die geringen Entfernungsschwankungen zur Sonne doch eine kleine Veränderung des scheinbaren Sonnendurchmessers. Mit anderen Worten: Die Größe der »Erbse« (Sonne) in unserem Experiment ist variabel. Das gilt auch für den Mond: Auch seine Umlaufbahn um die Erde hat Ellipsenform. Weil sich die Mondbahn aber noch stärker von einem Kreis unterscheidet als die Bahnellipse der Erde (um die Sonne), fallen die scheinbaren Größenschwankungen des Mondes stärker aus als die der Sonne (siehe »Der Schattendurchmesser«, S. 82). Aus den veränderlichen Winkeldurchmessern von Sonne und Mond folgt die dritte Bedingung für eine totale Sonnenfisternis.

> 3. Der Mond muß am Himmel größer als die Sonne erscheinen.

Erst dadurch ist garantiert, daß der Mond die Sonne völlig verdecken kann und sein Kernschattenkegel die Erde erreicht. So sehr es erstaunen mag, daß diese Bedingung überhaupt dann und wann erfüllt ist, noch mehr überrascht es, daß dies auch in einem idealen Rahmen geschieht. Wäre nämlich der tatsächliche Monddurchmesser (3476 Ki-

Indien, 24. November 1995. Neben der inneren Korona und eindrucksvollen Protuberanzen zeigt sich am oberen Sonnenrand die Chromosphäre als rötliche Schicht.

lometer) maßgeblich größer oder der Mond noch näher an der Erde, dann würde er bei einer totalen Sonnenfinsternis nicht nur die grelle Sonnenscheibe bedecken, sondern alles, was dieses Ereignis so sehenswert macht, wie die Protuberanzen und den hellen, inneren Teil der Korona. Wäre der Monddurchmesser hingegen nur um 260 Kilometer kleiner oder der Mond noch weiter von der Erde entfernt, dann könnte er die Sonne niemals völlig bedecken, und totale Sonnenfinsternisse blieben ein Wunschtraum. In natura sind die Rahmenbedingungen jedoch ideal. Der Winkeldurchmesser des Mondes kann den der Sonne höchstens um 6,2 Prozent übersteigen. Umgekehrt kann jener der Sonne den des Mondes um bis zu elf Prozent übertreffen[1]: Dann kommt es statt einer totalen Sonnenfinsternis zu einer sogenannten *Ringfinsternis*.

[1] Vgl. Mark Littmann, Ken Willcox: Totality – Eclipses of the Sun, S. 10

Arten von Sonnenfinsternissen

Totale Sonnenfinsternis

Bei einer totalen Sonnenfinsternis steht der Neumond in oder nahe einem seiner beiden Knoten und erscheint größer als die Sonne.

Bei einer totalen Sonnenfinsternis (siehe Graphik 3, S. 35) fegt der Kernschatten des Mondes über die Erde. Für einen Beobachter, der zur richtigen Zeit in der Totalitätszone steht, verschwindet die (Photosphäre der) Sonne ganz hinter dem Mond. Nur unter dieser Voraussetzung offenbart sich das mystische Schauspiel. Aber das Totalitätserlebnis ist kurz. Für einen ruhenden Beobachter auf der Zentrallinie dauert es wenige Sekunden bis maximal 7 Minuten und 31 Sekunden. Vorher und nachher sowie im Halbschattenbereich zu beiden Seiten der Totalitätszone erscheint die Finsternis partiell.

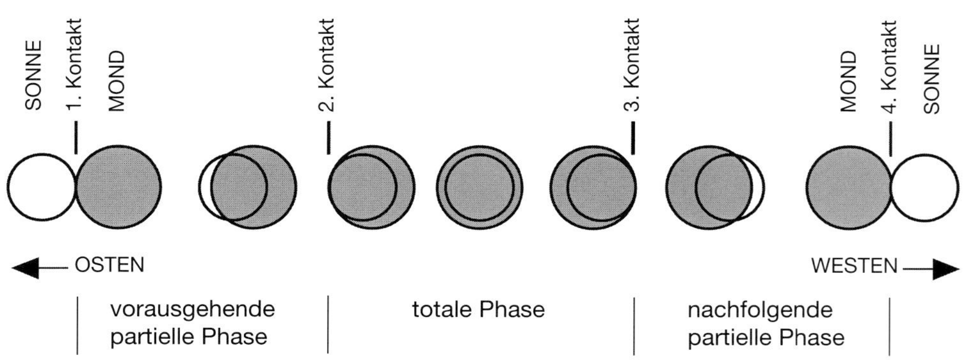

Grafik 6: Der Phasenverlauf einer totalen Sonnenfinsternis.

Grafik 6 zeigt die drei Phasen einer totalen Sonnenfinsternis: partiell – total – partiell. Die vier Kontakte legen die Übergänge zwischen den einzelnen Phasen fest.

1. Kontakt: Beginn der 1. partiellen Phase

Die partielle Phase der Finsternis, die der totalen Phase vorausgeht, beginnt. Der 1. Kontakt stellt die scheinbare Berührung des linken (östlichen) Mondrandes mit dem rechten (westlichen) Sonnenrand dar. Das Licht nimmt ab, denn von nun an deckt der Mond die Sonne allmählich zu.

Die Korona der Sonne: Mexiko, 11. Juli 1991.

2. Kontakt: Ende der 1. partiellen Phase – Beginn der Totalität

Etwa 90 Minuten später folgt der 2. Kontakt. Das Ende der vorausgehenden partiellen Phase deckt sich mit dem Beginn der Totalität. Der linke Mondrand berührt scheinbar den linken Sonnenrand. Von diesem Moment an herrscht Dunkelheit, denn der Mond deckt die Sonne vollständig zu.

3. Kontakt: Ende der Totalität – Beginn der 2. partiellen Phase

Das Ende der totalen Phase fällt mit dem Beginn der nachfolgenden partiellen Phase zusammen. Der rechte Mondrand berührt scheinbar den rechten Sonnenrand. Das Licht nimmt wieder zu, denn von nun an gibt der Mond die Sonne langsam frei.

4. Kontakt: Ende der 2. partiellen Phase

Etwa 90 Minuten nach dem Ende der Totalität folgt der 4. Kontakt. Der rechte Mondrand berührt scheinbar den linken Sonnenrand. Damit gibt der Mond die Sonne wieder vollständig frei. Mit dem Ende der nachfolgenden partiellen Phase ist auch die Finsternis zu Ende.

Die eingangs beschriebenen Übergangsphänomene einer totalen Sonnenfinsternis wie Schattenbänder, Perlschnur- und Diamantringeffekt treten kurz vor dem 2. und kurz nach dem 3. Kontakt auf (siehe »Die Ereignisse überstürzen sich«, S. 71).

Ringfinsternis

Bei einer Ringfinsternis steht der Neumond in oder nahe einem seiner beiden Knoten und erscheint kleiner als die Sonne.

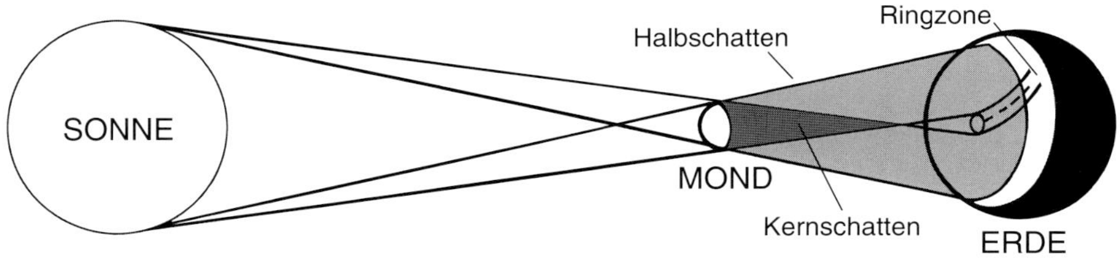

Grafik 7: Bei einer Ringfinsternis reicht der Kernschattenkegel des Mondes nicht bis zur Erde. Seine Spitze endet im Weltraum.

Der Mond ist für eine totale Sonnenfinsternis zu weit von der Erde entfernt. Sein Kernschattenkegel reicht nicht bis zur Erdoberfläche, die Spitze endet im Weltraum. Die gedachte Verlängerung des Kernschattens über seine Spitze hinaus ergibt auf der Erde die *Ringzone*. Von ihr aus sieht der Beobachter einen schmalen Kreisring aus direktem Sonnenlicht. Er ist für das ungeschützte Auge noch immer eine Gefahr und so grell, daß man (in der Regel) weder die Chromosphäre noch die Korona oder Sterne am Himmel zu sehen bekommt. Für einen Beobachter auf der *Zentrallinie* (hier: die Mittellinie der Ringzone) kann die Dauer der *Ringphase* maximal 12 Minuten und 30 Sekunden betragen. Davor und danach sowie im Halbschattenbereich außerhalb der Ringzone erscheint die Finsternis partiell. Da der Mond im Jahresdurchschnitt kleiner als die Sonne erscheint, treten Ringfinsternisse und totale Sonnenfinsternisse etwa im Verhältnis 5 : 4 auf.

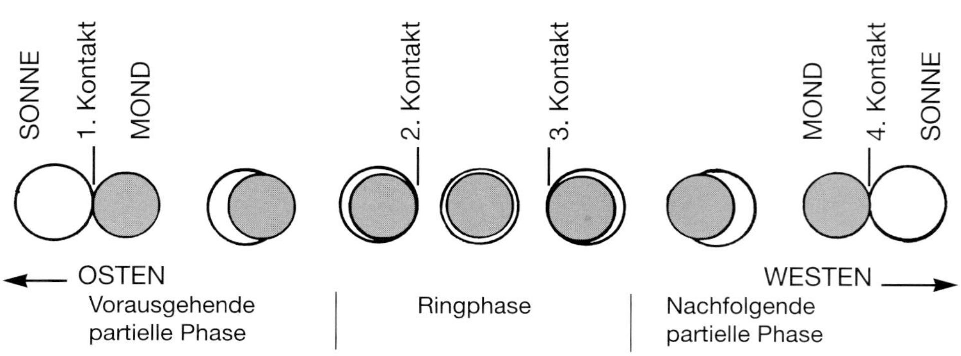

Grafik 8: Der Phasenverlauf einer Ringfinsternis.

Grafik 8 zeigt die drei Phasen einer Ringfinsternis: partiell – ringförmig – partiell. Der 2. und 3. Kontakt stellen den Beginn und das Ende der Ringphase dar. Der wesentliche Unterschied zu einer totalen Sonnenfinsternis besteht darin, daß beim 2. Kontakt der rechte (!) Mondrand scheinbar den rechten (!) Sonnenrand berührt und aus der Sichel der vorausgehenden partiellen Phase ein asymmetrischer, aber geschlossener Lichtring rund um den Neumond entsteht. Dieser wird für die Beobachter auf der Zentrallinie allmählich zentrisch und dann wieder asymmetrisch. Beim 3. Kontakt, wenn der linke Mondrand den linken Sonnenrand berührt, geht der Ring wieder in eine Sichel über, und die nachfolgende partielle Phase beginnt.

Eine Ringfinsternis, mit einem orangefarbenen Filter fotografiert.
Der Mond erscheint kleiner als die Sonne.

Partielle Sonnenfinsternis

Bei einer partiellen Sonnenfinsternis steht der Neumond etwas weiter von einem seiner beiden Knoten entfernt, und seine scheinbare Größe spielt keine Rolle.

Grafik 9: Bei einer partiellen Sonnenfinsternis wandert der Kernschattenkegel des Mondes über dem Nordpol oder unter dem Südpol an der Erde vorbei.

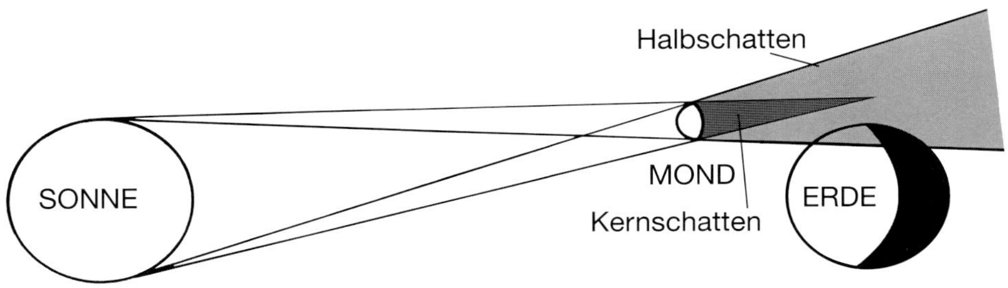

Die Knotenlinie weicht stärker von der Verbindungslinie Erde – Sonne ab, als es der Toleranzwinkel[1] für eine totale Sonnenfinsternis erlaubt. Weil der Neumond zu weit von einem der beiden Mondknoten entfernt ist, steht er so hoch über (so tief unter) der Ekliptik, daß sein Kernschatten über (unter) der Erde vorbeiwandert. Nur sein Halbschatten trifft auf einen Teil der nördlichen (südlichen) Halbkugel. Für Beobachter in dieser Region erscheint die Sonne teilweise vom Mond bedeckt. (Der Eindruck einer partiellen Sonnenfinsternis entsteht auch für einen Beobachter, der sich während einer totalen Sonnenfinsternis in der Halbschattenzone befindet oder in der Totalitätszone vor und nach der Totalität, d.h. während der partiellen Phasen einer totalen Sonnenfinsternis). Da eine Veränderung der Lichtverhältnisse erst erkennbar wird, wenn der Mond etwa 80 Prozent der Sonne bedeckt und selbst die dünnste Restsichel der Photosphäre die maßgeblichen Phänomene einer Sonnenfinsternis überstrahlt, ist das Interesse an partiellen Sonnenfinsternissen äußerst gering.

Auch bei einer partiellen Sonnenfinsternis stellt der 1. Kontakt die scheinbare Berührung des linken Mondrandes mit dem rechten Sonnenrand dar. Danach deckt der Mond die Sonne bis zu einem gewissen Grad zu (= *Bedeckungsgrad,* in Prozent des Sonnendurchmessers). Weil jedoch nur eine partielle Phase auftritt, fehlen der zweite und der dritte Kontakt. Der vierte Kontakt beendet die Finsternis.

[1] Bei einer partiellen Sonnenfinsternis ist der Spielraum für die Knotenbedingung wesentlich größer als bei totalen. Damit der Halbschatten des Neumondes gerade noch auf eine der beiden Polkappen fällt, darf die Knotenlinie um 15 1/3 bis 18 1/2 Grad von der Verbindungslinie Erde – Sonne abweichen. Der tatsächlich wirksame Toleranzwinkel hängt von denselben Faktoren wie bei einer totalen Sonnenfinsternis ab.

Partielle Sonnenfinsternis: ein Teil der Sonne bleibt sichtbar.

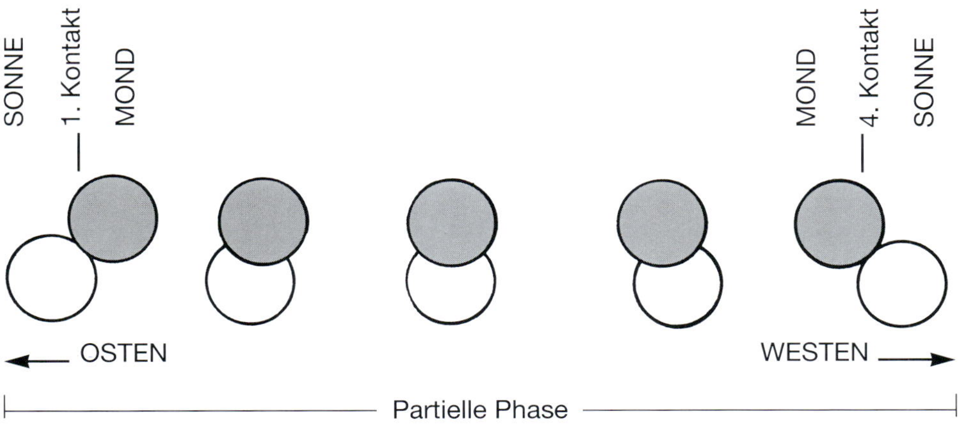

Grafik 10:
Der Phasenverlauf einer partiellen Sonnenfinsternis.

Ringförmig-totale Sonnenfinsternis

Bei einer ringförmig-totalen Sonnenfinsternis steht der Neumond in oder nahe einem seiner beiden Knoten und erscheint je nach Beobachtungsort kleiner, gleich groß oder größer als die Sonne.

Ringförmig-totale Sonnenfinsternisse gehören zu einer seltenen Mischform, bei der die Erdkrümmung eine besondere Rolle spielt. Sie entstehen, wenn der Kernschattenkegel des Mondes gerade so lang ist, daß er bei seiner Wanderung über die Erde nur in der Mitte des Weges bis zur Erdoberfläche reicht. In den Zeitzonen des Sonnenaufgangs und des Vormittags erscheint die Sonnenfinsternis ringförmig, um Mittag total und in den Zeitzonen des Abends und des Sonnenuntergangs wieder ringförmig.

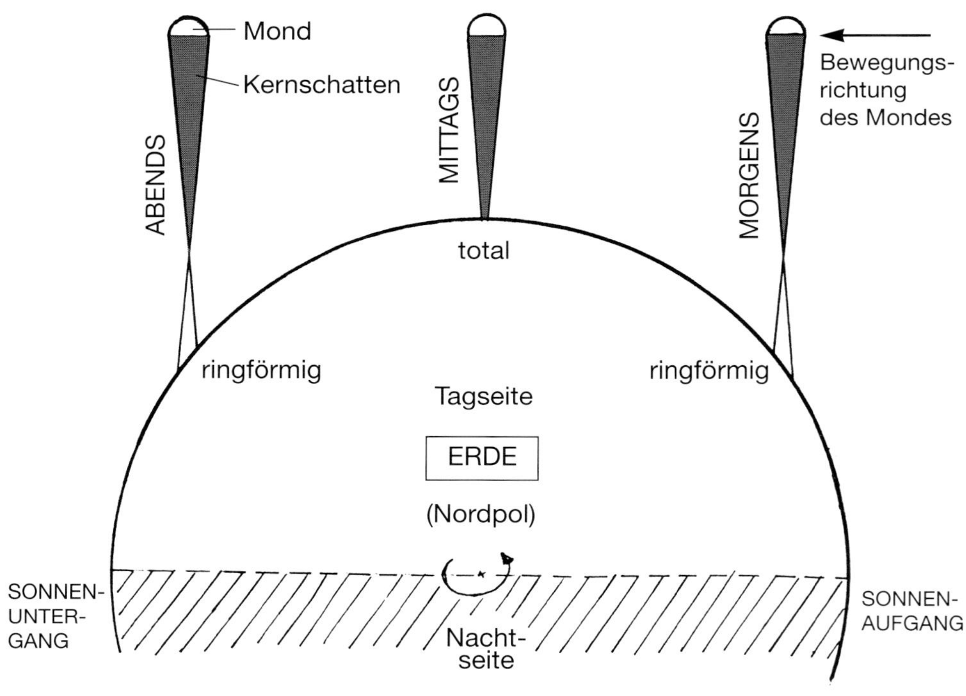

Grafik 11: Der Verlauf einer ringförmig-totalen Sonnenfinsternis.

Ist der Schatten des Mondes noch kürzer, dann kann dieses Phänomen in äußerst seltenen Fällen auch durch die Topographie der Erdoberfläche ausgelöst werden.

Zentrale Sonnenfinsternis

Totale Sonnenfinsternis und Ringfinsternis werden als *Zentrale Sonnenfinsternisse* bezeichnet, wenn die Achse des Mondschattenkegels auf die Erde trifft. Die Kurve, die diese Achse auf der Erdoberfläche beschreibt, heißt *Zentrallinie* (= Mittellinie der Totalitätszone bzw. der Ringzone). Jeder Beobachter auf der Zentrallinie bildet mit den Mittelpunkten von Sonne und Mond einen Augenblick lang eine Gerade, und zwar genau dann, wenn die Finsternis an seinem Standort die zeitliche Mitte der Totalität bzw. der Ringphase erreicht. Für den Beobachter liegen die Scheiben von Sonne und Mond in diesem Moment scheinbar zentrisch übereinander, die Finsternis erscheint ihm »zentral«.

Nicht-zentrale Sonnenfinsternis

Findet eine totale Sonnenfinsternis oder eine Ringfinsternis in Polnähe statt, dann kann die Schattenachse auch im Weltraum an der Erde vorbeiwandern. In diesem Fall gibt es auf der Erde keine Zentrallinie, und der Beobachter nimmt die Finsternis als nicht-zentral wahr.

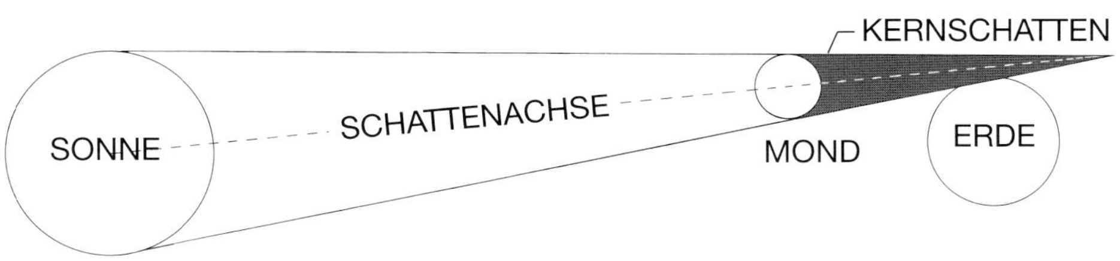

Grafik 12: Nicht-zentrale totale Sonnenfinsternis: Der Kernschatten des Mondes trifft auf die Erde, die Schattenachse wandert an ihr vorbei.

Mondfinsternisse

Mondfinsternisse sind die nächtliche Spielart des himmlischen Schattentheaters. Ihre Dramaturgie ist beschaulich, auch wenn sie total sind, gelassener als bei Sonnenfinsternissen, denn die Ereignisse lassen sich Zeit. Die Nacht und der Vollmond verleihen dem Schauspiel sogar ein romantisches Flair.

Sicher haben die meisten von uns es schon einmal beobachtet, wenn der Mond durch den Erdschatten wandert. Dazu müssen Sonne, Erde und Mond wieder annähernd eine Gerade bilden, wobei sich diesmal die Erde in der Mitte befindet: Sonne und Mond sind zueinander in Opposition (Vollmondbedingung). Steht der Vollmond in der Nähe des sonnenferneren Knotens, dann ist er auch nahe an der Ekliptik, und die Finsternis wird total: Der Mond kommt von Westen und taucht allmählich in den Kernschatten der Erde ein.

Der Unterschied zum aufwühlenden Schwesterereignis liegt auf der Hand. Während der Totalität einer Sonnenfinsternis ist die Sonne für eine begrenzte Region auf der Erde nicht mehr zu sehen. Bei einer Mondfinsternis hingegen bleibt die Sichtverbindung zum Mond ständig erhalten. Seine scheinbare Größe am Himmel ist nicht relevant. Daß er im Kernschatten der Erde meistens recht dunkel erscheint, aber dennoch gut sichtbar bleibt, obwohl ihn kein direktes Sonnenlicht trifft, hat mit der irdischen Atmosphäre zu tun. Jene Lichtstrahlen, die die Erde an der Tag-und-Nacht-Grenze streifen, werden von der Atmosphäre gebrochen. Dabei wandern die rötlichen Wellenlängen am stärksten nach innen. Sie treffen auf den verfinsterten Mond und lassen ihn als orangerote bis kupferfarbene Scheibe erscheinen.

Die Farbnuance und der Verdunkelungsgrad des Mondes hängen mit der Klarheit der Atmosphäre an der Tag-und-Nacht-Grenze der Erde zusammen. Sind die Luftschichten rein, ist das Erscheinungsbild der Mondscheibe intensiver. Hat aber ein Sandsturm Staubpartikel oder ein Vulkanausbruch Ascheteilchen hochgewirbelt, dann hemmen sie den Durchgang des Lichtes, und der Mond wirkt stärker verfinstert.

Als 1991 der philippinische Mount Pinatubo in einer gewaltigen Eruption explodierte, folgten totale Mondfinsternisse von ungewöhnlicher Dunkelheit. Ein Bericht aus dem Jahr 1848 schildert hingegen das andere Extrem: Damals schien der Mond so hell, daß die Beobachter an einer Finsternis zweifelten.

Die totale Mondfinsternis am 16. September 1997: Wenn der Vollmond durch den Kernschatten der Erde wandert, bleibt er als rötliche Scheibe sichtbar.

Totale Mondfinsternis

Von einer totalen Mondfinsternis sprechen wir, wenn der Vollmond zu 100 Prozent in den Kernschattenkegel der Erde eintaucht (= Totalität). Vorher muß er jedoch – etwa 1,5 Stunden lang – durch den äußeren und helleren Halbschatten wandern (Grafik 13, Position 2). In diesem Zeitraum ist die Finsternis kaum bemerkbar. Das ändert sich schlagartig beim 1. Kontakt mit der Umbra, also wenn der Vollmond den Kernschattenkegel der Erde berührt und damit die vorausgehende partielle Phase beginnt. Das wachsende Teilstück des Mondes, das – von Westen kommend – in den Kernschatten eindringt (Postition 3), verliert seine Leuchtkraft und nimmt die typische rötliche Färbung an. Für den betroffenen Teil der Mondoberfläche bedeutet das einen gewaltigen Temperatursturz.

Etwa 30 Minuten später erfolgt der 2. Kontakt: der Beginn der Totalität. Unter Sternguckern und Fotografen kommt dabei kaum Nervosität auf, denn es bleibt Zeit: Bis zu 1 Stunde und 44 Minuten steht der Mond blaßrötlich schimmernd im Kernschatten der Erde (Position 4), bevor er ab dem 3. Kontakt allmählich wieder heraustritt. Die nachfolgende partielle Phase (Position 5) dauert nochmals etwa 30 Minuten bis zum 4. Kontakt mit der Umbra. Dann ist die Finsternis praktisch zu Ende. Die 1,5 Stunden, die der Vollmond wieder braucht, um auch aus dem Halbschatten herauszuwandern (Position 6), sind so unspektakulär wie die Zeit vor dem 1. Kontakt. Die Gesamtdauer aller Phasen dauert in der Regel etwa fünf Stunden.

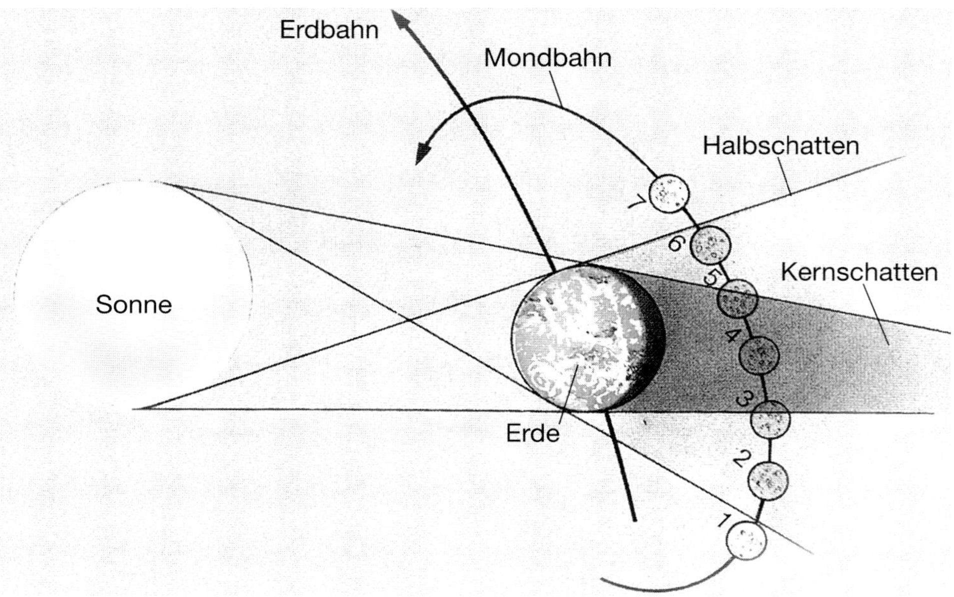

Grafik 13: Schema einer totalen Mondfinsternis.

Partielle Mondfinsternis

Während einer partiellen Mondfinsternis tritt der Vollmond zwar komplett in den Halbschatten, aber nur zum Teil in den Kernschattenkegel der Erde ein. Seine rötliche Verfärbung wird erst ab einem bestimmten Grad der Verfinsterung sichtbar und beschränkt sich auf jenen Bereich, über den die Umbra hinwegstreicht.

Dabei tritt der Rand des Erdschattens auf der Mondoberfläche klar als Teil eines Kreises zutage. Schon der griechische Philosoph *Aristoteles* (384–322 v. Chr.) sah dieses Phänomen als Beweis dafür an, daß die Erde Kugelgestalt haben muß. Der runde Schatten wird bei den

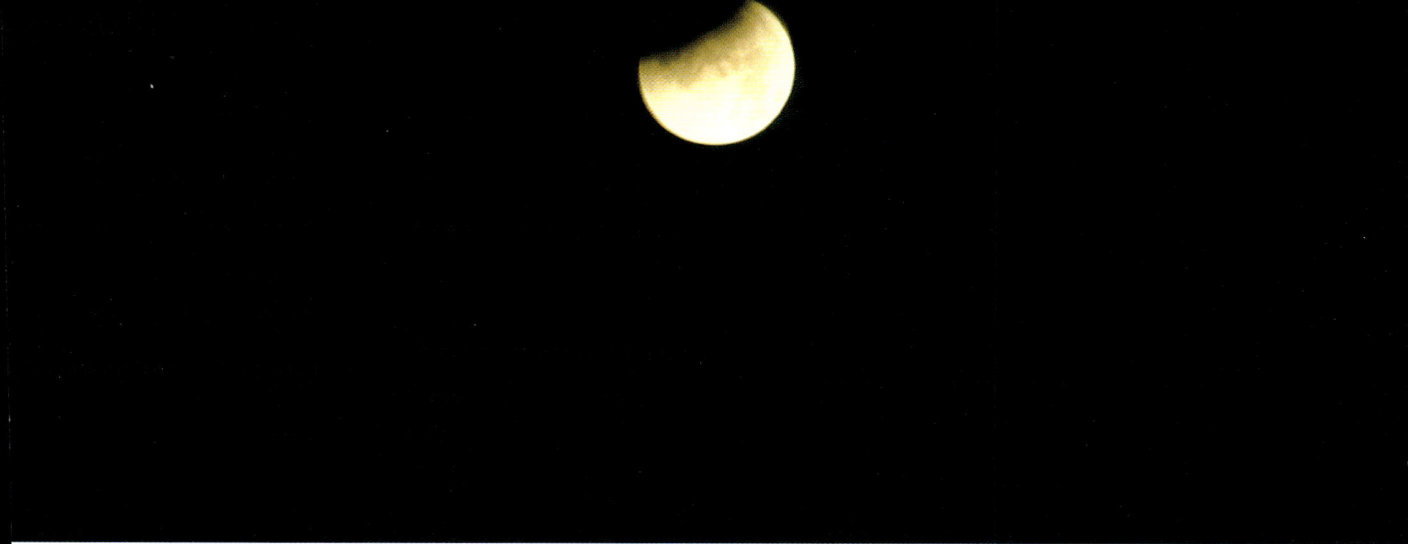

partiellen Phasen einer totalen Mondfinsternis ebenso sichtbar. Die Gesamtdauer einer partiellen Mondfinsternis entspricht etwa der Gesamtdauer einer totalen.

Partielle Mondfinsternis: Der Vollmond dringt nur zum Teil in den Kernschattenkegel der Erde ein.

Halbschattenfinsternis

Halbschattenfinsternisse haben weder für Astronomen noch für Liebhaber eine Bedeutung. Da der Mond nur durch den Halbschattenkegel der Erde wandert und dabei die Umbra völlig verfehlt, ist seine Verdunkelung kaum bemerkbar. Zu ihnen zählen auch jene Finsternistypen, bei denen der Mond nur teilweise in den Halbschatten der Erde eindringt (»partielle Halbschattenfinsternisse«). Das im Jahr 1887 erschienene Monumentalwerk »Canon der Finsternisse« des österreichischen Astronomen *Theodor Ritter von Oppolzer* ließ Halbschattenfinsternisse unerwähnt.

Ein weitverbreiteter Irrtum

Für die moderne Astronomie sind totale Sonnenfinsternisse weitaus bedeutender als jene des Mondes. Früher war es wahrscheinlich umgekehrt. Zwar versuchten die Astronomen der Antike, aus der zeitlichen Abfolge beider Finsternisarten auf die Beziehung zwischen Sonne, Mond und Erde zu schließen. Aber Mondfinsternisse waren die verläßlicheren Zeichen am Himmel. Während Sonnenfinsternisse immer nur von begrenzten Zonen der Erde aus sichtbar sind, zeigen sich Mondfinsternisse jedem Beobachter auf der Nachtseite. Und das ist ein gutes Stück mehr als die Hälfte der Erdoberfläche, denn während des Verlaufes einer Mondfinsternis dreht sich die Erde ja weiter. Folglich scheinen sie häufiger, weil sie von weitaus mehr Menschen beobachtet werden. In Wirklichkeit ist es allerdings umgekehrt. Global gesehen treten Mondfinsternisse auch dann noch geringfügig seltener auf, wenn die kaum bemerkbaren Halbschattenfinsternisse mitgezählt werden. Insgesamt stehen in einem Jahrhundert etwa 230 Mondfinsternisse 238 Sonnenfinsternissen gegenüber.

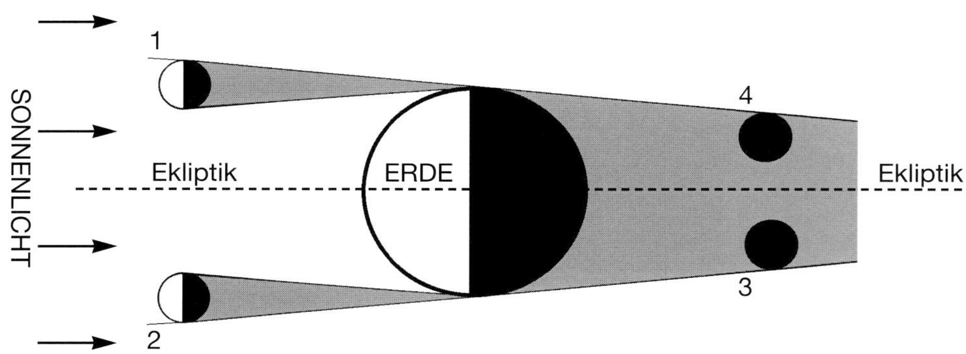

Grafik 14: Für eine zentrale Sonnenfinsternis darf sich der Mond (1 oder 2) weiter von der Ekliptik entfernen als für eine totale Mondfinsternis (3 oder 4).

Der Schattenkegel der Erde verjüngt sich nach hinten. An der Stelle der durchschnittlichen Mondentfernung ist sein Durchmesser etwa 2,7mal größer als jener des Mondes.

Warum Mondfinsternisse zahlenmäßig benachteiligt sind, wird klar, wenn wir von der Sonne die äußeren Tangenten an die Erde legen und nur die wichtigsten Finsternistypen betrachten, nämlich die zentrale Sonnenfinsternis und die totale Mondfinsternis, bei denen sich der Mond innerhalb der Tangenten befindet. Grafik 14 zeigt, daß sich der Vollmond für eine totale Mondfinsternis nicht weiter als Position 3 oder 4 von der Ekliptik entfernen darf, da er durch den Kernschattenkegel der Erde wandern muß. Der Neumond hat hingegen einen etwas größeren Spielraum: Steht er in Position 1 oder 2, dann ist in Polnähe der Erde annäherungsweise schon eine zentrale Sonnenfinsternis sichtbar. Ob sie total oder ringförmig ist, hängt vom Winkeldurchmesser des Mondes ab. Zentrale Sonnenfinsternisse treten also deshalb häufiger auf, weil der Mond dabei weiter von der Ekliptik entfernt sein darf als bei einer totalen Mondfinsternis.

Bei Mondfinsternissen darf die Knotenlinie nur so wenig von ihrer Ausrichtung zur Sonne abweichen, daß beim Neumond davor *oder* danach auch noch die Knotenbedingung für eine Sonnenfinsternis erfüllt ist. Mondfinsternisse treten daher stets in zeitlicher Nachbarschaft (etwa 14 3/4 Tage) zu Sonnenfinsternissen auf. In seltenen Fällen ist eine totale Mondfinsternis sogar von zwei partiellen Sonnenfinsternissen eingerahmt. Der umgekehrte Fall, Mondfinsternis – Sonnenfinsternis – Mondfinsternis, ist aber noch seltener.

Ein geheimnisvoller Rhythmus

Der Rhythmus, der den zeitlichen Ablauf von Sonnenfinsternissen festlegt, mutet auf den ersten Blick geheimnisvoll an: Während von einem bestimmten Ort der Erde aus etwa alle zweieinhalb Jahre eine partielle Finsternis zu sehen ist, treten totale Finsternisse viel unregelmäßiger auf. Zwar vergehen im Durchschnitt etwa 400 Jahre, bis sich eine totale Sonnenfinsternis am selben Ort wiederholt, aber dies ist nur ein theoretischer Mittelwert. Die Beispiele auf Seite 57 zeigen, wie sehr die Zeiträume zwischen totalen Sonnenfinsternissen an verschiedenen Orten schwanken können.

Geographisch geordnet ergeben die Daten von Sonnenfinsternissen ein undurchschaubares Muster, scheinbar ohne jeden Zusammenhang. In Wirklichkeit folgen sie aber einem erstaunlichen Zeitplan, der exakt vorhersagbar ist. Allerdings müssen wir dazu die Enge unseres Globus verlassen und das Sonne-Erde-Mond-System in seiner Gesamtheit betrachten. Was sich dann offenbart, ist ein Blick hinter die Kulissen der Himmelsmechanik: Der geheimnisvolle Finsternis-Rhythmus hängt vom Mondphasenzyklus und der Bewegung der Mondknoten ab.

Das Finsternis-Jahr

Nehmen wir an, während die Erde um die Sonne wandert, bewegt sich die Knotenlinie mit der Erde ständig parallel zu ihrer Ausgangsposition. Dann ist sie jedes halbe Jahr zur Sonne ausgerichtet. An einem bestimmten Kalendertag weist der aufsteigende Knoten zur Sonne, der absteigende genau ein halbes Jahr später, wenn die Erde den gegenüberliegenden Punkt ihrer Umlaufbahn erreicht. Unter diesen Voraussetzungen könnten Sonnenfinsternisse nur zu jenen Neumonden stattfinden, die diesen beiden Kalendertagen zeitlich am nächsten kommen (ebenso Mondfinsternisse zu Vollmond). Alle Finsternisse wären also unverrückbar an zwei bestimmte Jahreszeiten gebunden. Und genau das ist nicht der Fall.

Während der Mond nämlich – von oben gesehen – die Erde gegen den Uhrzeigersinn umrundet, dreht sich auch seine Bahnebene und (mit ihr) die Knotenlinie langsam im Raum, allerdings rückläufig, das heißt im Uhrzeigersinn. Diese Drehung nennen wir *Knotenregression*. Sie wird in erster Linie durch die Anziehungskräfte von Erde und Sonne

Ort, Staat	**Datum**	**Zeitintervall**
bei Brisbane (Australien)	5. April 1856 25. März 1857	11,5 Monate
bei Lobito (Angola)	21. Juni 2001 4. Dezember 2002	17,5 Monate
bei Ahmedabad (Indien)	11. August 1999 22. Juli 2009	10 Jahre
Mazatlán (Mexiko)	11. Juli 1991 8. April 2024	33 Jahre
Stonehenge (England)	6. April 1169 v. Chr. 7. April 1066 v. Chr.	103 Jahre
Cheopspyramide (Ägypten)	1. April 2471 v. Chr. 29. Juni 2159 v. Chr.	312 Jahre
Jerusalem (Israel)	30. September 1131 v. Chr. 4. Juli 336 v. Chr.	795 Jahre
USA (Festland)	26. Februar 1979 21. August 2017 8. April 2024	3 in 46 Jahren
Schweiz	12. Mai 1706 22. Mai 1724 8. Juli 1842 3. September 2081	4 in 376 Jahren
Deutschland	12. Mai 1706 (19. August 1887)[1] 11. August 1999 3. September 2081 7. Oktober 2135	4 (5) in 430 Jahren
Österreich	12. Mai 1706 8. Juli 1842 11. August 1999 3. September 2081 14. Juni 2151 16. Mai 2227 19. März 2379	7 in 674 Jahren

[1] Die Finsternis vom 19. August 1887 gilt als Grenzfall: Sie fand frühmorgens unter ungünstigen Bedingungen statt, weil der Kernschatten des Mondes im östlichen Deutschland auf die Erde traf. Wegen des extrem niedrigen Sonnenstandes wird diese Finsternis in der Regel nicht mitgezählt.

auf den Mond verursacht und verkürzt den Zeitraum, den ein Mondknoten braucht, um wieder zur Sonne zu zeigen, von einem *Sonnenjahr* (365,24 Tage) auf ein sogenanntes *Finsternisjahr:* 346,62 Tage.

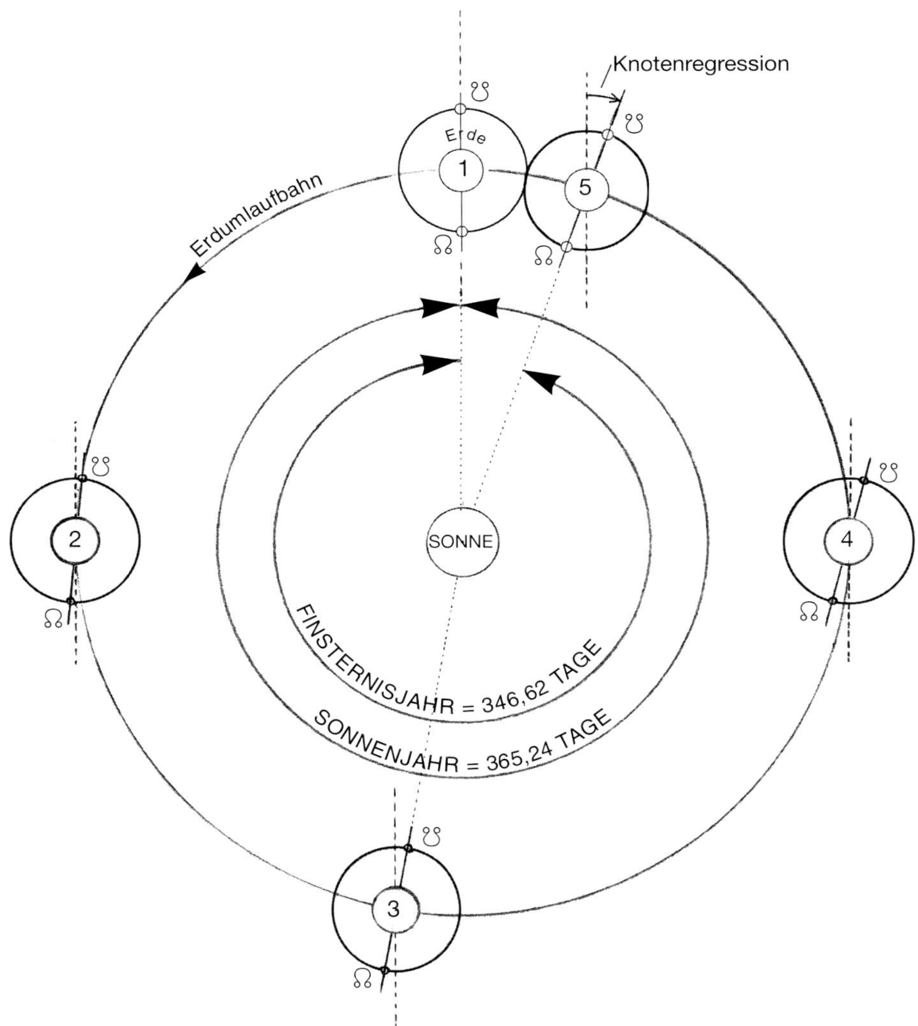

Grafik 15: Knotenregression: Ein zur Sonne ausgerichteter Mondknoten braucht ein Finsternisjahr (346,62 Tage), um wieder zur Sonne zu zeigen. Weil die Knotenlinie langsam regrediert, ist ein Finsternisjahr kürzer als ein Sonnenjahr.
☊ … aufsteigender Knoten
☋ … absteigender Knoten

Grafik 15 zeigt die Drehung der Mondknoten. Definieren wir den Zeitpunkt, zu dem sich die Erde in Position 1 befindet und der aufsteigende Knoten exakt zur Sonne weist, als den Beginn eines Finsternisjahres. Während die Erde ihren Weg auf der Umlaufbahn fortsetzt, weicht der Knoten mehr und mehr von der Sonne ab. In Position 2 läßt sich erkennen, daß sich auch die Knotenlinie ein wenig gedreht hat. Sie ist nicht mehr parallel zu ihrer Ausgangslage zu Beginn des Finsternisjahres. Deswegen erreicht der absteigende Knoten seine Ausrichtung zur Sonne schon ein paar Tage *vor* dem Ablauf eines halben Sonnenjahres (Position 3). Der Vorgang setzt sich fort, bis der aufsteigende Knoten wieder zur Sonne weist (Position 5). Durch den Einfluß der Knotenregression ist das schon nach 346,62 Tagen (Finsternisjahr) der Fall, also 18,62 Tage bevor die Erde in ihre Ausgangslage (Position 1) zurückkehrt. Das Finsternisjahr ist daher um 18,62 Tage kürzer als ein Sonnenjahr.

Die Knotenlinie dreht sich jährlich um 19,3 Grad im Uhrzeigersinn (von Osten nach Westen). Sie vollendet alle 18,62 Jahre eine volle Umdrehung um 360 Grad.

Zeitfenster für Finsternisse

Alle 173,3 Tage, also jeweils nach Ablauf eines halben Finsternisjahres, weist einer der beiden Mondknoten genau zur Sonne. Tritt gleichzeitig ein Neumond auf, entsteht eine zentrale Sonnenfinsternis (total oder ringförmig). Wie wir schon wissen, muß aber die Knotenlinie dafür nicht exakt (zur Sonne) ausgerichtet sein, sondern es genügt, wenn sie innerhalb eines bestimmten Toleranzwinkels liegt. Sie darf von der Sonnenausrichtung um 15 1/3 bis 18 1/2 Grad nach Osten oder Westen abweichen, damit der Neumond gerade noch eine partielle Sonnenfinsternis liefert (siehe »Partielle Sonnenfinsternis«, S. 46). Das bedeutet, daß eine Sonnenfinsternis auch dann stattfindet, wenn innerhalb von 15 bis 18 Tagen vor oder nach der Ausrichtung eines Mondknotens zur Sonne Neumond ist. Dadurch entsteht bei jeder Ausrichtung ein Zeitfenster von 30 bis 36 Tagen[1], in dem Sonnenfinsternisse möglich sind. Weil in diesem Zeitraum mindestens einmal Neumond ist (alle 29,53 Tage), findet auch mindestens eine Sonnenfinsternis je Zeitfenster statt.

Tabelle 1 listet alle Sonnenfinsternisse zwischen 1990 und 2020 mit ihren dazugehörigen Zeitfenstern auf. Es zeigt sich, daß außerhalb eines Fensters keine Sonnenfinsternis stattfinden kann, in jedem Fenster aber wenigstens eine stattfinden muß. Sie ist partiell, wenn der

[1] Die Begriffe »Toleranzwinkel« und »Zeitfenster« meinen dasselbe: Sie drücken die zulässige Knotenabweichung von der Sonne (und vom Neumond) einmal als Winkel und einmal als Zeitspanne aus. Wie lange ein Zeitfenster tatsächlich offen ist, hängt – ebenso wie der Toleranzwinkel – in erster Linie von den jeweiligen Winkeldurchmessern von Sonne und Mond und von den Bahngeschwindigkeiten des Mondes und der Erde ab (Ellipsenbahnen).

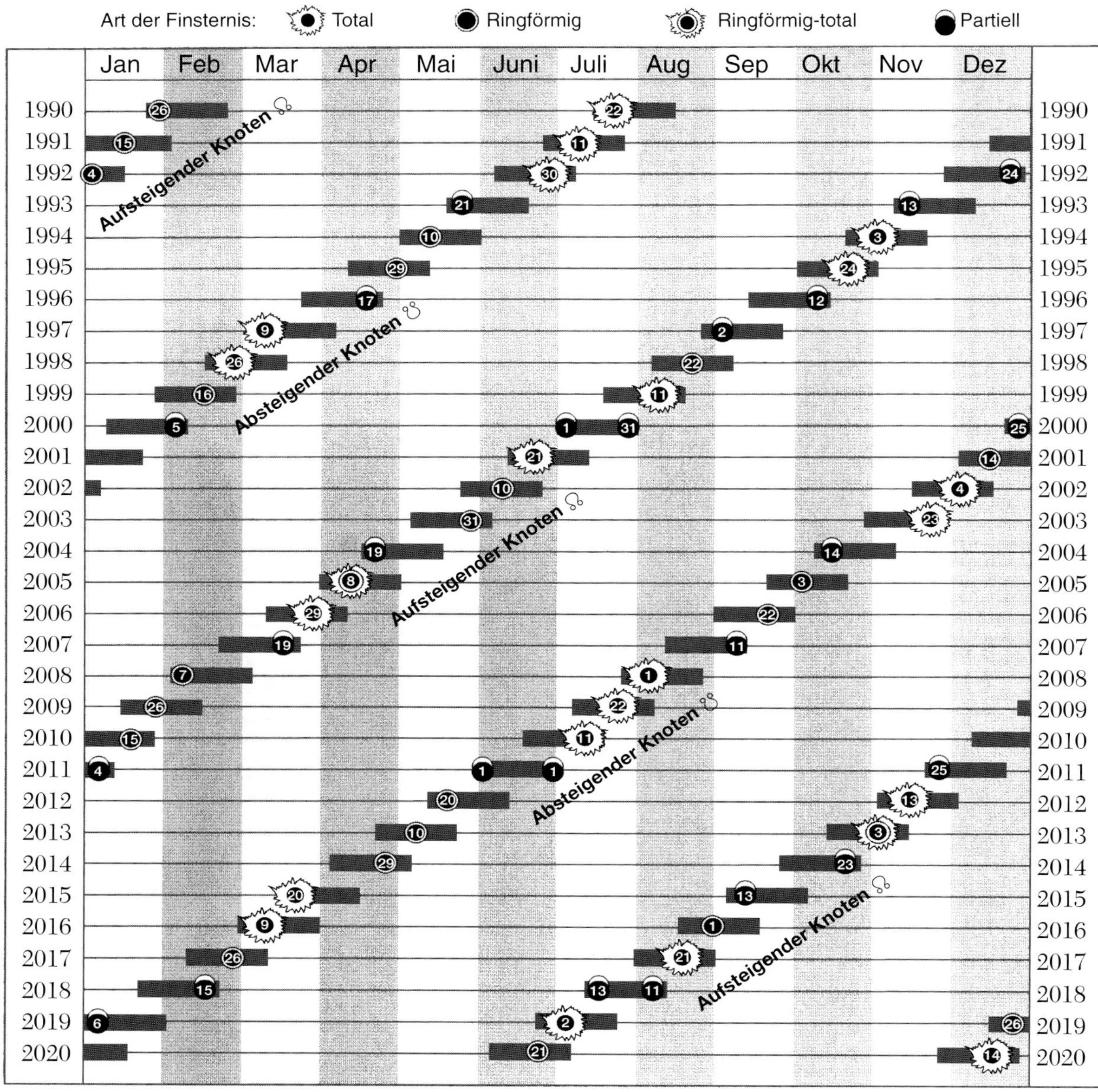

Tabelle 1: Zeitfenster und Sonnenfinsternisse von 1990 bis 2020.

Neumond am Rand des Fensters eintritt, hingegen zentral (total oder ringförmig), wenn er in den mittleren 19 bis 23 Tagen des Fensters eintritt. Äußerst selten fallen auch zwei Neumonde in dasselbe Zeitfenster. Dann finden innerhalb von 30 Tagen zwei Sonnenfinsternisse am selben Knoten statt, die beide partiell sein müssen: eine am Anfang und eine am Ende des Fensters.

Die zeitlichen Mitten der Fenster stimmen mit den Tagen der Knotenausrichtung überein. Sie liegen jeweils 173,3 Tage auseinander und wandern daher jedes Kalenderjahr um 18,62 Tage nach vorne. Über mehrere Jahrzehnte betrachtet ergeben die Fenster und die enthaltenen Finsternisse ein typisches Muster, das den geheimnisvollen Finsternis-Fahrplan enthüllt: Keine Jahreszeit bleibt vor ihm verschont.

Tabelle 1 zeigt auch das Wiederholungsmuster von Sonnenfinsternissen an einem bestimmten Mondknoten. Nehmen wir den aufsteigenden Knoten als Beispiel. Auf die partielle Sonnenfinsternis vom 19. April 2004 folgt die ringförmig-totale Sonnenfinsternis vom 8. April 2005. Zwischen beiden Ereignissen liegen zwölf Lunationen: 12 x 29,53 = 354,37 Tage. Da dieser Zeitraum um knapp elf Tage kürzer ist als ein Sonnenjahr, findet die Finsternis des Jahres 2005 schon um elf Kalendertage früher als jene im Jahr 2004 statt. Rundungsfehler und der Einfluß der Schaltjahre machen auch Verschiebungen um zehn oder zwölf Kalendertage möglich, wie die totale Sonnenfinsternis vom 29. März 2006 und die partielle vom 19. März 2007 beweisen. Gemeinsam ist diesen vier Finsternissen aber, daß sie durch jeweils zwölf Lunationen getrennt sind. Erst danach wird die Serie durchbrochen. Der zwölfte Neumond nach dem 19. März 2007 fällt auf den 7. März 2008. Da dieses Datum nicht mehr im nächsten Zeitfenster am aufsteigenden Knoten liegt, muß der Neumond, der einen Monat früher stattfindet (7. Februar 2008), in dieses Fenster fallen und die entsprechende Finsternis liefern. Daraus ergibt sich die Regel, daß aufeinanderfolgende Finsternisse am selben Knoten dreimal durch zwölf und dann einmal durch elf Lunationen getrennt sind. Es sei denn, zwei Neumonde fallen in dasselbe Zeitfenster und rufen binnen 30 Tagen am selben Knoten zwei Finsternisse hervor. Zwischen zeitlich aufeinanderfolgenden Finsternissen an wechselnden Knoten liegen daher stets entweder sechs oder fünf Lunationen, was gerundet 177 oder 148 Tagen entspricht.

Kein Jahr ohne Sonnenfinsternis

Für eine bestimmte Region auf der Erde können viele Jahre zwischen zwei Sonnenfinsternissen verstreichen. Global gesehen sind sie aber gar nicht so selten, wie sich hier zeigt. Da jedes Kalenderjahr mindestens zwei Zeitfenster mit mindestens einer Sonnenfinsternis enthält, müssen jährlich mindestens zwei Finsternisse auftreten. Beide können zentral sein (zum Beispiel im Jahr 1990) oder partiell (1993) oder zu verschiedenen Typen gehören (1997). Ein Kalenderjahr kann aber auch drei Finsternisse enthalten, wenn eines der beiden Fenster zwei Finsternisse aufweist (2018) oder der Teil eines dritten Fensters mit einer Finsternis in das Jahr hineinragt (1992). Ebenso kann ein Jahr vier Finsternisse enthalten, wenn zwei Fenster doppelt besetzt sind oder von drei Fenstern eines zweifach besetzt ist (2000). Als absolutes Maximum sind fünf Sonnenfinsternisse in einem Kalenderjahr möglich. Voraussetzung dafür sind zwei doppelt besetzte Fenster mit je zwei partiellen Finsternissen und der Teil eines dritten Fensters, das Anfang Januar oder Ende Dezember die fünfte Finsternis liefert: Diese wird in der Regel total oder ringförmig sein. Solch ein äußerst seltener Fall trat zum letzten Mal im Jahr 1935 ein und wird sich erst im Jahr 2206 wiederholen.

Die Saros-Zyklen – Eine Entdeckung der Chaldäer

Viele Jahrhunderte lang haben Sonnenfinsternisse unter den Völkern des Altertums Angst und Schrecken verbreitet. Für die Menschen früherer Kulturen konnte es nicht mit rechten Dingen zugehen, wenn der Sonnengott aus heiterem Himmel seine Leuchtkraft verlor und plötzlich erlosch. Schon lange, bevor der Mond als Verursacher dieses Ereignisses feststand, begannen die Alten, nach einem verborgenen Finsternisrhythmus zu suchen. Die Erfindung einer Schrift war dabei von Vorteil, denn sie machte Aufzeichnungen möglich und schaltete das Fehlerrisiko der mündlichen Überlieferung aus.

Das semitisch-aramäische Volk der Chaldäer, das ab 626 v. Chr. über Babylon herrschte, stach unter den Kulturen des Zweistromlandes hervor. Seine Priesterastronomen, die sich der Keilschrift bedienten, hatten erkannt, daß Finsternisse nur zu bestimmten Zeiten im Jahr auftreten können, sich aber allmählich im Kalender nach vorn verschieben. Weil sich vom neubabylonischen Reich aber nur die Hälfte aller Mondfinsternisse und ein verschwindend kleiner Teil der totalen Sonnenfinsternisse beobachten ließ, sahen die Chaldäer diese Jahreszeiten als »Gefahrenzeiten« an, die auf die Möglichkeit einer Finsternis hinwiesen. Verständlicherweise fand ein Ereignis für ihre Begriffe nicht statt, wenn es in ihrem Staatsgebiet nicht sehen konnten. Die Priesterastronomen konnten nicht ahnen, daß das Himmelsschauspiel in diesen kritischen Zeiten irgendwo auf der Erde stattfinden muß. Erst durch unermüdliche Aufzeichnungen, die auf Tontafeln vereinzelt erhalten geblieben sind, wurde ihnen allmählich klar, daß zwischen aufeinanderfolgenden Finsternissen immer ganz bestimmte Zeiträume liegen.

Auf diesem Wissen aufbauend, gelang den Chaldäern eine bemerkenswerte Entdeckung. Sie fanden heraus, daß 6585 1/3 Tage nach jeder beobachteten Mondfinsternis stets eine sehr ähnliche folgte. Der Mond stand wieder in derselben Region des nächtlichen Sternenhimmels, die Dauer der Finsternis war praktisch gleich lang, und wenn die vorangegangene Finsternis total gewesen war, war es (fast immer) auch die folgende. Mit dieser Erkenntnis wurde ein Teil des geheimnisvollen Finsternis-Zeitplans endlich gelüftet, von nun an waren Prognosen möglich:

Auf jede Mondfinsternis folgt nach 18 Jahren und 11 1/3 Tagen[1] mit höchster Wahrscheinlichkeit wieder eine, die mit der vorangegangenen eine große Ähnlichkeit aufweist.

Für die Astronomen der Chaldäer muß diese Regel eine Sensation gewesen sein, zumal sie auch für Sonnenfinsternisse anwendbar ist! Nur die frappante *Übereinstimmung* der Eckdaten dieser Finsternisse mag die Priester verwundert haben, denn sie stand in krassem Gegensatz zu ihrer Erfahrung: Zwei unmittelbar aufeinanderfolgende Mond- bzw. Sonnenfinsternisse unterscheiden sich in ihrem Erscheinungsbild auffällig voneinander.

Warum das so ist, verdeutlicht ein Gedankenexperiment:
Nehmen wir an, bei einer totalen Sonnenfinsternis weist der aufsteigende Knoten exakt zur Sonne. Der Neumond steht genau in der Ekliptik, und sein Kernschatten trifft die Erde in Äquatornähe.

Erst wenn sich nach einem halben Finsternisjahr das nächste Zeitfenster auftut, ist wieder eine Sonnenfinsternis möglich. Aber bis dahin ändert sich einiges: Die Jahreszeit, also auch die Sterne hinter der Sonne, die Entfernung Erde – Sonne, die Stellung der Erdachse zur Sonne und, was man leicht übersieht:

Die letzte Finsternis fand genau im *aufsteigenden* Knoten statt. Nach einem halben Finsternisjahr (173,31 Tage) zeigt der *absteigende* Knoten zur Sonne, aber der entsprechende Neumond, der die Finsternis an ihm hervorruft, kann erst nach sechs Lunationen eintreten, also knapp vier Tage nach der Knotenausrichtung (6 x 29,53 = 177,18 Tage). Die Finsternis ist zwar wieder total, aber der Neumond steht dann schon ein Stück unterhalb der Ekliptik und projiziert – durch die oben genannten Einflüsse verstärkt – ein anderes Schattenbild auf die Erde.

[1] Oder: nach 18 Jahren und 10 1/3 Tagen, wenn der Zeitraum fünf statt vier Schaltjahre enthält.

Wie wir sehen, geht die Knotenausrichtung von einer Finsternis zur nächsten verloren, und zwar deshalb, weil ein halbes Finsternisjahr nicht mit der Dauer von sechs Lunationen übereinstimmt: Der Unterschied beträgt fast vier Tage und vermehrt sich von Finsternis zu Finsternis.

Die Chaldäer wußten von diesem wachsenden Fehler noch nichts. Was sie aber entdeckt hatten, stellt das kleinste gemeinsame Vielfache der beiden »unrunden« Zyklen dar: Die Periode von 6.585 1/3 Tagen enthält exakt 223 Lunationen und auf den Tag genau 19 Finsternisjahre. Jedesmal wenn so eine Periode zu Ende geht, nimmt der Neumond (bzw. Vollmond) also wieder (fast) dieselbe Stellung zu einem bestimmten Mondknoten ein und erzeugt daher alle 18 Jahre eine äußerst ähnliche Finsternis. Die zyklische Wiederkehr jeder Finsternis in Form von artverwandten Ereignissen führt zu regelrechten Finsternis-Familien, die wir als *Saros-Zyklen*[1] bezeichnen. Jede Finsternis gehört einem solchen Zyklus an: Irrläufer gibt es nicht.

Der Verwandtschaftsgrad zweier aufeinanderfolgender Finsternisse aus derselben Familie ist offenkundig. Weil eine Saros-Periode nur elf (oder zehn) Tage länger als 18 Kalenderjahre dauert, finden beide Finsternisse in der gleichen Jahreszeit statt: Die Erde steht ihrer damaligen Position auf der Umlaufbahn wieder sehr nahe, die Entfernung Sonne – Erde ist praktisch gleich, die Sonne erscheint (fast) gleich groß wie vor 18 Jahren und befindet sich (fast) im selben Bereich des Himmels: Während der Totalität leuchten also dieselben Sterne.

Noch erstaunlicher ist ein anderer kosmischer »Zufall«: Der Mond braucht für einen vollen Erdumlauf 27,32 Tage *(siderischer Monat)*. Da sich seine Bahnellipse langsam gegen den Uhrzeigersinn dreht, dauert es aber 27,55 Tage, bis er von seiner erdnächsten Position über die erdfernste wieder zur erdnächsten zurückkehrt *(anomalistischer Monat)*. Eine Saros-Periode umfaßt bemerkenswerterweise auf den Tag genau 239 anomalistische Monate: Das bedeutet, daß nach 18 Jahren auch der Abstand Erde – Mond und der Winkeldurchmesser des Mondes wieder (fast) gleich groß sind! Die Summe all dieser Übereinstimmungen sorgt schließlich für eine überraschend ähnliche Finsternisdauer.

[1] Das babylonische Wort *sar* bedeutet u.a. »Universum« und »Wiederholung«.

Die Entstehung der Saros-Zyklen

Trotz ihrer engen Verwandtschaft sind zwei Finsternisse aus derselben Saros-Familie niemals identische Zwillinge! Der Grund dafür ist darin zu suchen, daß sich die Stellung des Mondes zum beteiligten Knoten nicht einmal nach dem Ablauf einer Saros-Periode exakt wiederholt. Die drei Mondzyklen, auf die es ankommt, laufen nicht 100prozentig synchron: Sie unterscheiden sich um den Bruchteil eines Tages.

223 Lunationen zu je	29,53059 Tagen = 6585,32 Tage = 1 Saros-Periode
19 Finsternisjahre zu je	346,6201 Tagen = 6585,78 Tage
239 anomalistische Monate zu je	27,55455 Tagen = 6585,54 Tage

Der minimale Unterschied summiert sich im Laufe der Zeit, und das hat Konsequenzen. Am deutlichsten wirkt sich allerdings aus, daß die Dauer einer Saros-Periode (223 Lunationen) nicht auf ganze Tage ausgeht.

Betrachten wir nur die aufeinanderfolgenden Finsternisse einer Saros-Familie: Zwischen ihnen liegen jeweils 6 585,32 Tage. Wir wissen, daß nach einem ganzen Tag stets dieselbe Seite der Erde zur Sonne weist. In 0,32 Tagen dreht sie sich aber etwa um ein Drittel ihres Umfanges weiter nach Osten. Das führt dazu, daß jede Finsternis derselben Saros-Familie jeweils um rund 120 Grad weiter westlich als ihr Vorläufer zu sehen ist.

Mondfinsternisse, die man von der ganzen Nachtseite der Erde aus sehen kann, sind 18 Jahre später in einem Teil des früheren Beobachtungsraums wieder sichtbar; Sonnenfinsternisse hingegen kaum, weil sie auf kleinere Regionen beschränkt sind. Die Halbschattenzonen von aufeinanderfolgenden Sonnenfinsternissen aus derselben Familie überlappen sich in der Regel, ihre Totalitätszonen kreuzen sich aber nur selten.

Erst nach drei Saros-Perioden liefert ein Zyklus wieder eine Finsternis (etwa) an derselben geographischen Länge, wo er schon vor 54 Jahren eine hervorrief. Eine totale Sonnenfinsternis erscheint dann aber im Gebiet der früheren Totalitätszone nicht mehr total, weil der Kernschatten nun etwa 1 000 Kilometer weiter nördlich oder südlich auftrifft. Schuld daran ist der geringe Zeitunterschied zwischen 19 Finsternisjahren und 223 Lunationen: 6 585,78 – 6 585,32 = 0,46 Tage! Welche Bedeutung haben diese elf Stunden?

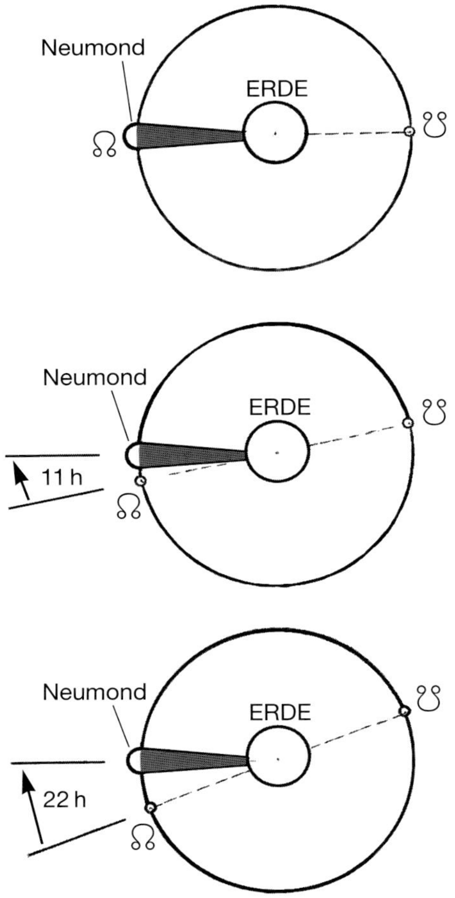

Grafik 16:
Auch bei aufeinanderfolgenden Finsternissen eines Saros-Zyklus ändert sich die Stellung des Mondknotens zum Neumond.

Stellen wir uns noch einmal eine Sonnenfinsternis vor, bei der der Neumond exakt im aufsteigenden Knoten steht (Grafik 16a). Nach 18 Jahren und elf Tagen – also bei der nächsten Finsternis aus derselben Familie – tritt die Knotenausrichtung genau um diese elf Stunden später als der Neumond ein (Grafik 16b), nach 36 Jahren um 22 Stunden später (Grafik 16c) usw. Der Fehler summiert sich und bewirkt, daß der Neumond bei jeder Finsternis etwas weiter vom (herannahenden) aufsteigenden Knoten entfernt ist, also bezüglich der Ekliptik jedes Mal ein wenig tiefer (südlicher) steht. Auf der Erde wandern daher die Schattenzonen schrittweise immer weiter nach Süden, bis sie sich nach Jahrhunderten draußen im Weltraum verlieren. Von dort kamen sie auch, als dieser Finsternis-Zyklus einst im hohen Norden begann.
Kein Saros-Zyklus dauert also ewig. Wenn seine Finsternisse am aufsteigenden Knoten stattfinden, wandern sie von Norden nach Süden bzw. am absteigenden Knoten von Süden nach Norden. Die erste Finsternis ist stets partiell in einer der Polregionen zu sehen. Dabei zielt der Kernschatten noch um 3500 Kilometer über oder unter der Erde vorbei. Mit jeder folgenden Finsternis verringert der Mond seinen Abstand von der Ekliptik. Die Bedeckung der Sonne erhöht sich jeweils um etwa 14 Prozent, und der Kernschatten rückt immer näher an die Erde heran. Nach etwa sieben bis zwanzig Perioden (130 bis 360 Jahren) entsteht erstmals eine zentrale Finsternis in der Nähe des Pols. Alle 18 Jahre wandert die Schattenzone nun um zwei bis drei Grad (rund 300 Kilometer) näher an den Äquator, in dessen Umgebung die langen, totalen Sonnenfinsternisse stattfinden. Rund 40 bis 50 Perioden – also fast ein Jahrtausend lang – bleiben die Finsternisse zentral und wandern Schritt für Schritt zur anderen Polregion. Wenn der Kernschatten die Erde dann nicht mehr trifft, folgt wieder eine Serie von partiellen Finsternissen (mit abnehmender Bedeckung) in der Polregion, bevor der Zyklus nach zwölf bis vierzehn Jahrhunderten ausläuft.

Ein Saros-Zyklus umfaßt etwa 68 bis 77 Sonnenfinsternisse, kann aber alle 18 Jahre nur eine einzige liefern. Da mindestens zwei Sonnenfinsternisse jährlich stattfinden, müssen wenigstens 36 verschiedene Saros-Zyklen gleichzeitig aktiv sein, um ausreichend viele Finsternisse aus unterschiedlichen Familien hervorzubringen. Zur Zeit laufen 39

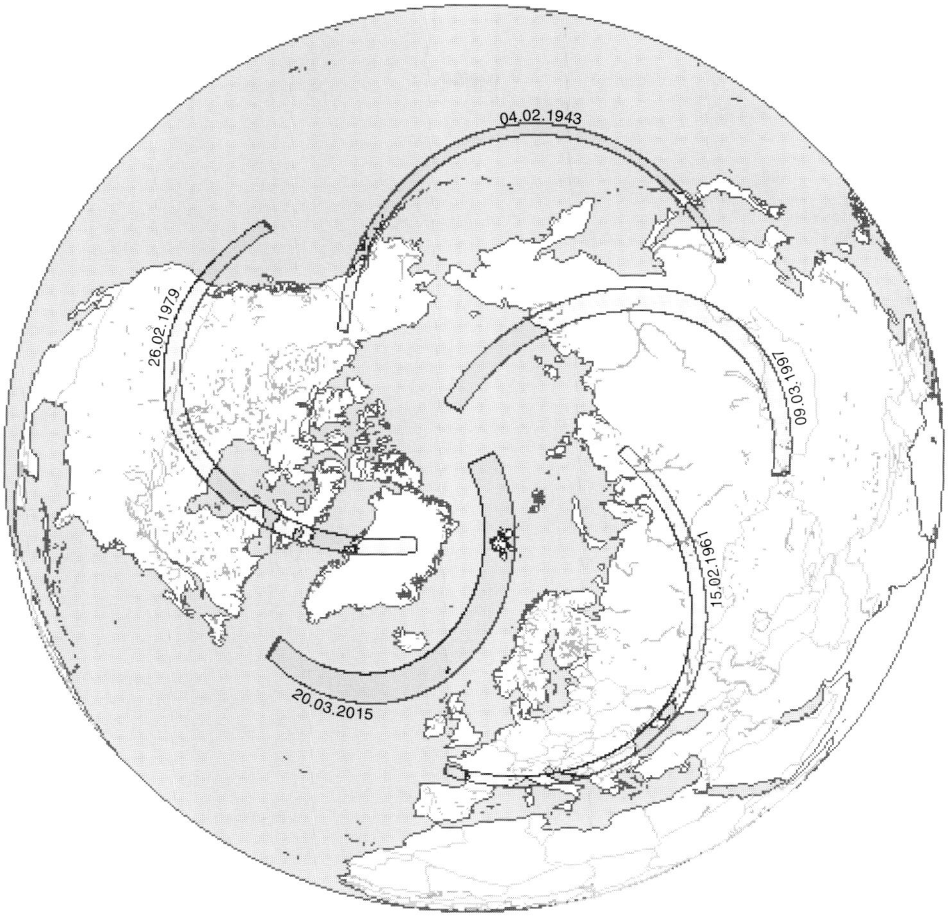

Grafik 17:
Die Totalitätszonen aufeinanderfolgender totaler Sonnenfinsternisse desselben Saros-Zyklus sind einander ähnlich. Sie beginnen jedes Mal etwa 120 Grad weiter westlich, sind in diesem Beispiel breiter und liegen etwas weiter nördlich als ihre Vorgängerin.

Zyklen nebeneinander, die zur Kennzeichnung die Nummern 117 bis 155 tragen.[1] An diesen Zyklen hat sich seit 1971 nichts mehr geändert. Erst im Jahr 2011 gesellt sich eine neue Familie dazu: Sie trägt die Nummer 156 und liefert ihre erste (partielle) Finsternis am 1. Juli 2011 in der südlichen Polregion.

Durch die Entdeckung der Saros-Zyklen haben Finsternisse im Altertum zumindest einen Teil ihres Schreckens verloren. Auch wenn der auslösende Mechanismus dieser Ereignisse unbekannt war, so wurden sie doch vorhersagbar und allmählich als Folge eines eigentümlichen Rhythmus der Natur verstanden. Für das Computerzeitalter und die komplexen Rechenmodelle der modernen Astronomie haben die Saros-Zyklen ihre Bedeutung praktisch verloren. Was bleibt, ist das Stau-

[1] Saros-Zyklen mit ungeraden Nummern bringen Finsternisse am aufsteigenden und Saros-Zyklen mit geraden Nummern am absteigenden Mondknoten hervor.

Brasilien, 3. November 1994. Während der Totalität zeigte die Korona eine auffallende Gliederung.

nen über die frühe Erkenntnis, daß alle Finsternisse Mitglieder von Familien sind. Jedes Ereignis hat seinen Stammbaum, eine charakteristische Vergangenheit *und:* eine vorhersagbare Zukunft! Eine Saros-Familie mag schon vor Jahrhunderten geendet haben oder erst im nächsten Jahrtausend entstehen; ihr Ablauf folgt immer demselben Muster: Die Finsternisse beginnen partiell und unscheinbar in einer der Polregionen, wandern Schritt für Schritt zum Äquator und wachsen zu bedeutungsvollen Ereignissen heran, um sich Jahrhunderte später am gegenüberliegenden Pol wieder in Raum und Zeit zu verlieren.

Phänomene während der Finsternis

Das Biedermeier-Gemälde von Joseph Christoph Schöller zeigt die totale Sonnenfinsternis vom 8. Juli 1842 in Wien.

»Es gibt Dinge, die man fünfzig Jahre weiß, und im einundfünfzigsten erstaunt man über die Schwere und Furchtbarkeit ihres Inhaltes«, schrieb der Dichter Adalbert Stifter (1805–1868) über die totale Sonnenfinsternis, die er in den Morgenstunden des 8. Juli 1842 in Wien miterlebte. Sein Staunen erklärt er sich so: »Es war so ein einfach Ding. Ein Körper leuchtet einen anderen an, und dieser wirft seinen Schatten auf einen dritten: Aber die Körper stehen in solchen Abständen, daß wir in unserer Vorstellung kein Maß mehr dafür haben, sie sind so riesengroß, daß sie über alles, was wir groß heißen, hinausschwellen – ein solcher Komplex von Erscheinungen ist mit diesem einfachen Dinge verbunden, eine solche moralische Gewalt ist in diesen physischen Hergang gelegt, daß er sich unserem Herzen zum unbegreiflichen Wunder emportürmt.«[1]

Es ist dieser wundersame »Komplex von Erscheinungen«, der die Menschen nach wie vor in ihren Bann zieht, ihnen ehrfürchtiges Staunen abringt und zahlreiche Finsternis-Jäger bis ans Ende der Welt reisen läßt. Der kanadische Meteorologe und Eklipsen-Kenner Jay Anderson verglich Sonnenfinsternisse einmal sogar mit einem religiösen Erlebnis, vor dem man die Tage, Stunden und Minuten zählt.

Partielle Phase

Wenn der Mond während der partiellen Phase seine Wanderung über die Sonnenscheibe beginnt, ist das mit freiem Auge nicht feststellbar. Es sei denn, das grelle Licht wird durch eine zarte Wolkendecke gefiltert, und der »Biß« des Mondes offenbart sich hinter dem Schleier der Wolken. Das Dunkel verstärkt sich vorerst unmerklich, während die Sonne zu einer Sichel schrumpft. Erst wenn mehr als drei Viertel des Sonnendurchmessers abgedeckt sind, fällt erstmals eine Veränderung auf: Das Blau des Himmels verliert an Kraft, und auf der Erde schwindet das Licht. Während Farben und Schatten allmählich verblassen, hüllt sich die Landschaft in einen matten, metallischen Schein.

Der Beobachter sollte jetzt auf Laubbäume achten: Die winzigen Lücken zwischen den Blättern, die Lichtstrahlen durchlassen, wirken wie Lochkameras. Sie projizieren das Abbild der Sonne tausendfach auf den Boden: Im Schatten der Krone zeichnen sich zahllose Sicheln ab.

Zur gleichen Zeit, etwa eine Viertelstunde vor der Totalität, verdüstert sich im Westen der Himmel: Der Kernschatten nähert sich. Der Planet Venus müßte schon sichtbar sein. Nur wenn er der Sonne sehr nahe steht, wird er noch überstrahlt. Das Dunkel braut sich lautlos zusammen: kein Donnerrollen, aber bedrohlich wie ein schweres Gewitter. Eigenartig ist dabei, daß die Dämmerung von *oben* kommt! Die Schatten werden weicher, aber nicht länger. Kein lebendiges Farbenspiel am Horizont. Statt dessen ein Gefühl der Beklemmung durch das drückende Licht!

Minuten vor der Totalität kommt es zu einem seltsamen Schauspiel: Auf hellen, ebenen Flächen zeigen sich *fliegende Schatten:* kontrastarme Wellenlinien, weiß bis hellgrau, die sich im Schrittempo über

[1] Adalbert Stifter: Die Sonnenfinsterniß am 8. July 1842

Fliegende Schatten kurz vor oder nach der Totalität (Darstellung um 1900).

Wände und ausgebreitete Tücher bewegen. Gewöhnlich entsteht dieser Effekt durch Luftschlieren an spaltförmigen Lichtquellen. In der Atmosphäre rufen ihn Luftschichten mit unterschiedlicher Temperatur und Dichte hervor. Sie streuen und sammeln das Licht der dünnen Sonnensichel wie schwache Linsen und verursachen die tanzenden Muster. (Auch das Blinken der Sterne am Nachthimmel geht darauf zurück.) Eine vergleichbare Wirkung entsteht, wenn Sonnenlicht durch die Wasseroberfläche eines Swimmingpools fällt: Die Wellenlinien auf dem Grund ähneln den fliegenden Schatten.

Die Ereignisse überstürzen sich

Wenn von der Sonnensichel nur noch ein hauchdünner Lichtbogen übrig ist, laufen die Ereignisse wie im Zeitraffer ab. Was jetzt geschieht, geht auf die Unebenheiten der Mondoberfläche zurück und ist nur im Fernrohr genau zu beobachten.

Der Mond hat sich so weit über die Sonne geschoben, daß die höchsten Berge an seinem östlichen Rand die Sichel zerteilen. Der Vorgang beginnt an den haarfeinen Ausläufern der Sichel, wo die abgetrennten Lichtfäden zu Pünktchen schrumpfen und nur noch einen Moment lang wie Perlen durch die tiefsten Täler am Mondrand leuchten. Sie vergehen, während neue entstehen und das rasch wechselnde Muster zur Mitte der Sichel zusammenläuft *(Perlenschnurphänomen).* Dort, wo das weiße Licht der *Photosphäre* vom Mond abgedeckt ist, tritt kurz die darüberliegende Schicht der *Chromosphäre* zutage. Ihr rötliches Schimmern ist klar zu erkennen. Binnen Sekunden löst sich die ganze Sichel in Lichtpunkte auf. Dabei kommt es zu einem erhabenen Schauspiel: Wie durch Geisterhand beginnt am bereits verdunkelten Umfang der Sonne die *Korona* zu strahlen. Ihre Helligkeit ist eine Million mal schwächer als jene der Photosphäre, deshalb tritt sie erst jetzt in Erscheinung. Gespenstisch legt sich ihr opalisierender Lichtkranz um den Neumond, der gleichzeitig als schwarze Scheibe erscheint. Der kontrastreiche Ring bildet die »Schnur«, an der die Perlen flackernd erlöschen. Wenn nur noch eine Perle zu sehen ist, spricht man von *Diamantringeffekt*: ein dahinschmelzender Lichttropfen, der noch einen Augenblick wie ein Edelstein glitzert. Wenn er »ausglüht«, ist es Nacht.

Totalität

Während alles gebannt nach oben blickt, rast der Kernschatten des Mondes von Westen heran: eine gewaltige, stürzende Mauer, ein riesiges Maul, das alles verschluckt: Finsternis. Wo vorher die Sonne war, gähnt jetzt ein schwarzes Loch im Himmel, umrahmt von strahlendem Glanz: Nun, da die Photosphäre völlig abgeschirmt ist, leuchtet die Korona noch intensiver. Sie reicht weit in den Weltraum hinaus.

Eindrucksvoll rot heben sich dagegen die *Protuberanzen* ab. Die glühenden Gaswolken, die in der inneren Sonnenatmosphäre entstehen, sind zu Beginn der Totalität eher im östlichen Bereich der Korona zu sehen, weil sie dort der Mond nicht verdeckt. Manchmal schießen sie mit einer Million Stundenkilometer aus der Chromosphäre hervor. Das freie Auge merkt davon allerdings nichts: Sie erscheinen in Ruhe.

Abb. S. 73: Aruba, 26. Februar 1998. Das Perlenschnurphänomen: Die Sonnensichel zerfällt in einzelne Lichtpunkte.

Wer seinen Blick über den Himmel schweifen läßt, entdeckt *Sterne und Planeten*. Die hellsten sind leicht zu erkennen. Manchmal zeigt sich sogar ein Komet! Unfaßbar, daß sie jetzt am Tageshimmel erstrahlen! Frühestens in ein paar Monaten, wenn die Erde ein gutes Stück Weg um die Sonne zurückgelegt hat, zeigen sich dieselben Sterne in der Nacht.

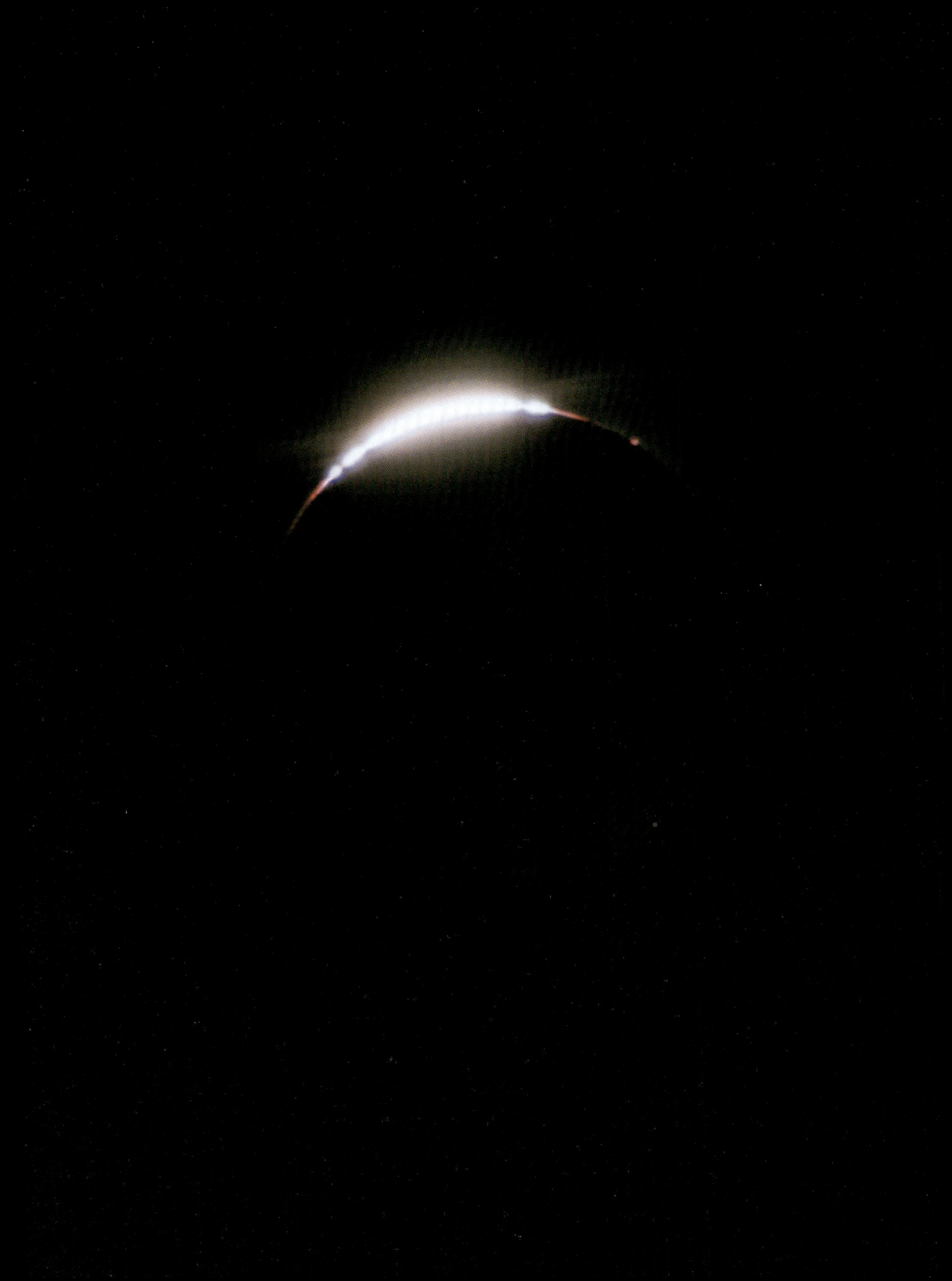

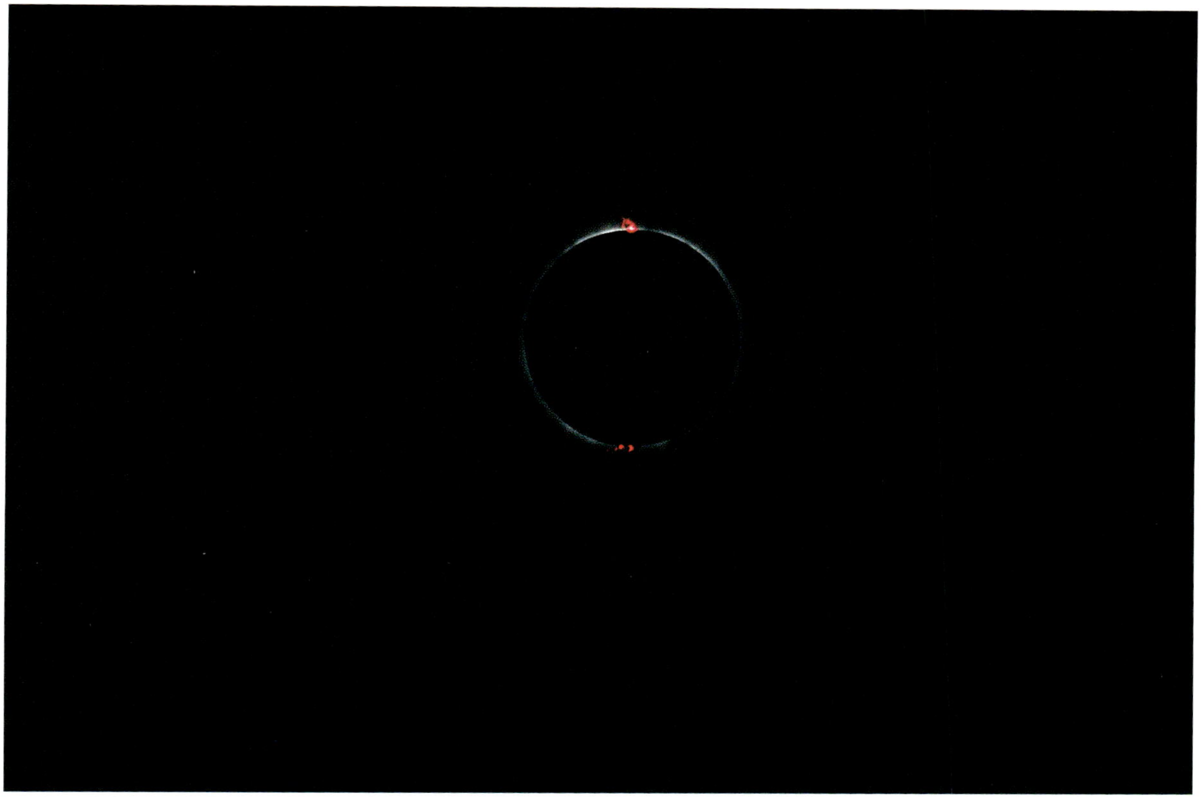

Mexiko, 11. Juli 1991. Die Protuberanzen heben sich rotglühend gegen die schwarze Scheibe des Neumondes ab.

Es lohnt sich, zur zeitlichen Mitte der Totalität auf die Umgebung zu achten. Die Nacht hängt wie eine Glocke vom Himmel herab, aber nirgendwo reicht sie zum Horizont. Weit draußen, jenseits des Kernschattens, ist die Finsternis partiell. Dort hüllt sich die Landschaft in ein mystisches Zwielicht, das den Horizont rundherum orangerot erhellt: ein unvergeßliches Abendrot mitten am Tag. Das ferne Streulicht und die Korona, deren Helligkeit etwa der des Vollmondes entspricht, bestimmen die Dunkelheit während der Totalität. Da die Dunkelheit von der Kernschattenbreite, vom Beobachtungsort und von einer eventuellen Bewölkung abhängt, kann sie beachtliche Schwankungen aufweisen. Tiefschwarze Nacht wird es allerdings nie. Es könnte zum Lesen zu dunkel werden oder so hell bleiben wie unmittelbar vor einem Sonnenaufgang. Sicher ist nur, daß das gespenstische Licht keinerlei Schatten wirft.

Der Blick in die Ferne läßt bald erkennen, daß sich die Dunkelheit nach Osten verschiebt. Die Zeit steht keineswegs still, alles unterliegt einem Wandel. Sogar die Größe und Form der Korona! Auch wenn das Auge in den wenigen Minuten der Totalität davon nichts merkt: Bei

Abb. S. 74: Aruba, 26. Februar 1998. Während des Diamantringeffekts erlischt der letzte »Lichttropfen« vor der Totalität.

der nächsten Finsternis wird sie anders aussehen. Ein Kenner braucht nur ein Foto von ihr, um das Datum einer Finsternis zu nennen.

Bald zeigen sich die Protuberanzen vorwiegend am Westrand des Mondes, bis genau dort das Licht wieder hervortritt. Der 3. Kontakt leitet das Ende der Totalität ein. Es setzt abrupt ein, als hätte jemand die finstere Glocke gekippt. Der Diamantringeffekt leitet die Kette der oben beschriebenen Ereignisse nun in umgekehrter Reihenfolge ein. Die Korona erlischt, die Helligkeit nimmt wieder zu. Während die Nacht weiterrast, wird die Sonne wieder zur Sichel. Jetzt aber seitenverkehrt, nach Osten hin offen. Es mag dauern, bis man das Erlebte fassen und verarbeiten kann – weit über das Ende der partiellen Phase hinaus.

Wie reagiert die Natur?

Die ersten Auswirkungen einer Sonnenfinsternis auf die Natur zeigen sich in der Atmosphäre. Während sich am Luftdruck so gut wie nichts verändert, paßt sich die Temperatur mit einer leichten Verzögerung den Lichtverhältnissen an. Messungen, die am 26. Februar 1998 auf der Antilleninsel Aruba durchgeführt wurden, ergaben zwischen dem ersten Kontakt und dem Beginn der Totalität einen Temperaturabfall von etwa fünf Grad Celsius im Schatten, danach – bis zum 4. Kontakt – wieder einen Anstieg um etwa vier Grad. Wie erwartet trat die niedrigste Temperatur erst kurz nach dem Ende der Totalität auf.

In der prallen Sonne ist je nach Ausgangstemperatur und Dauer der Totalität mit einem viel dramatischeren Temperatursturz zu rechnen (10 Grad und mehr). Dabei kann die Luft immer weniger Feuchtigkeit speichern. Erreicht sie den Sättigungsgrad, gibt sie Wasserdampf ab, der als Tau kondensiert. Daß die freiwerdende Feuchtigkeit das subjektive Gefühl der Abkühlung noch verstärkt, mag in der Glut der Tropen von Vorteil sein. Der steigende Feuchtigkeitsgehalt der Luft ist den Astronomen jedoch ein Dorn im Auge, weil er eine deutliche Trübung des Himmels hervorrufen kann.

Die räumlich und zeitlich begrenzte Temperaturänderung ruft manchmal eine Folgewirkung hervor: Dann und wann kommt es wenige Minuten vor der Totalität zu einem *Finsterniswind,* der meist aus der Richtung des Kernschattens weht und einen bereits vorhandenen Wind aus einer anderen Richtung ablösen kann. Der Grund dafür ist darin zu suchen, daß die kühlere Luft im Kernschattenkegel zu Boden sinkt und auseinanderströmt. Am ehesten nimmt man den Finsterniswind bei vorheriger Windstille wahr.

Brasilien, 3. November 1994. Während der Totalität sind die Planeten Merkur und Jupiter deutlich zu sehen.

Zu den eindrucksvollsten Phänomenen einer totalen Sonnenfinsternis gehören die Reaktionen der Tierwelt. Sie fallen meistens erst auf, wenn sich die Lichtverhältnisse auch für das menschliche Auge sichtbar verändern. Da hebt beispielsweise unruhiges Gekreische in Schwalbenkolonien an, während Hähne und Hunde lautstark ihren Protest über das unerwartete Herannahen der Nacht verkünden. Nur langsam finden sich die Tiere mit der wachsenden Dunkelheit ab und fügen sich. Die Tagvögel verstummen und suchen ihre Schlafplätze auf, selbst die Bienen stellen orientierungslos ihre Ausflüge ein. Das Summen der Insekten hört auf.

Dieses scheinbare Sterben, die reglose Stille, bleibt nicht ohne Wirkung auf unsere Psyche. Für ein paar Minuten verschmilzt auch der Mensch wieder mit der Natur und verstummt. Er läßt seine Tätigkeit ruhen und blickt auf. »Gott redet, und die Menschen horchen«, schrieb Adalbert Stifter über diesen Moment. »Das schrecklichste Gewitter ... ist ein lärmender Trödel gegen diese todesstille Majestät.« Lautlos treten die nachtaktiven Tiere in Erscheinung: Fledermäuse, Eulen, Nagetiere...

Frühe Berichte über solche Beobachtungen der Fauna gehen bis in das 13. Jahrhundert zurück. Da notierte zum Beispiel ein gewisser Ristoro d'Arezzo über die Finsternis vom 3. Juni 1239, daß man Wildtiere in ihrem Schrecken mühelos einfangen konnte.[1] Aus dem Jahr 1715 stammt eine Aufzeichnung des französischen Astronomen Chevalier de Louville, der während einer Finsternis in London weilte. Er bemerkte, daß sich Arbeitspferde auf den Straßen hinlegten und streikten.[2] Während der Finsternis, die Stifter beschrieb, soll ein Einwohner der französischen Stadt Perpignan ein Experiment mit seinem Hund durchgeführt haben. Obwohl er das Tier seit dem Vortag nicht mehr gefüttert hatte, verweigerte es während der Totalität die Nahrungsaufnahme. Erst als das Licht zurückkehrte, nahm es den zugeworfenen Bissen an.[3] Damit vergleichbar ist eine Anekdote des Finsternis-Kenners Dennis di Cicco aus Massachusetts. Der Mitherausgeber der Zeitschrift »Sky & Telescope« hatte 1973 während einer Ringfinsternis in Costa Rica ein paar Kühe im Visier. Es war frühmorgens, und die grasenden Tiere zeigten sich von der partiellen Phase völlig unbeeindruckt. Als die Ringphase aber ihr Maximum erreichte, unterbrachen sie ihre Mahlzeit und kehrten im Gänsemarsch in den Stall zurück.

Wahrscheinlich könnten Zoologen bei einer eingehenden Erforschung der Tierwelt unter dem Finsternis-Aspekt noch auf erstaunliche Verhaltensweisen stoßen, aber die Gelegenheiten dazu sind rar. Das gleiche gilt für die Flora: Zweifellos verschließen bestimmte Pflanzen vor der Totalität ihre Blüten, um sie danach wieder zur Entfaltung zu bringen. Welche Pflanzen das sind, ist noch recht wenig erforscht. Eine »botanische Erkenntnis«, die man 1842 in Wien gewann, wurde nur regional bekannt: Mimosen reagieren auf eine Sonnenfinsternis nicht.[4]

[1] Vgl. F. Richard Stephenson, David H. Clark: Applications of Early Astronomical Records
[2] Vgl. François Arago: Popular Astronomy, Band 2
[3] Vgl. F. Richard Stephenson, David H. Clark: Applications of Early Astronomical Records
[4] Vgl. Karl Ludwig von Littrow: Beobachtung der totalen Sonnenfinsterniß vom 8. Julius in und um Wien

Spuren in Raum und Zeit

Der Weg des Mondschattens

Eigentlich dürften wir Eklipsen der Sonne gar nicht als »Finsternisse« bezeichnen, da sich die Sonne ja nicht verfinstert, sondern sich hinter einem anderen Himmelskörper, dem Mond, verbirgt. Der astronomische Fachbegriff für solche Ereignisse lautet *Okkultationen*. Die Sonne verschwindet hinter dem Mond und wir in seinen Schatten. Natürlich kann der Mondschatten immer nur auf die beleuchtete Erdhälfte fallen. Welche Regionen er dabei verdunkelt, hängt von der Spur ab, die er beschreibt.

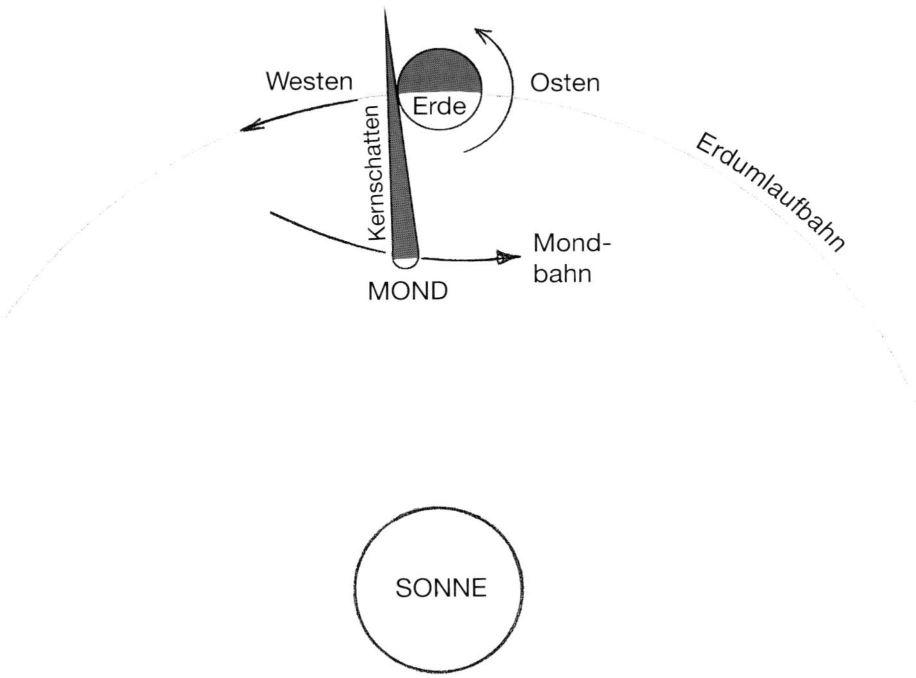

Grafik 18: Das Sonne-Erde-Mond-System von oben betrachtet.

Betrachten wir das Sonne-Erde-Mond-System von einem Standpunkt über dem Nordpol der Sonne. Von dort aus gesehen dreht sich (bis auf die Mondknoten) alles gegen den Uhrzeigersinn: der Mond um die Erde, die Erde um ihre Polachse und um die Sonne. Der Mond schiebt sich stets von links (= Westen) zwischen Sonne und Erde. Bei einer totalen Sonnenfinsternis kommt also auch sein Kernschatten von links aus dem Weltraum und trifft tangential auf die Erdoberfläche. Wie Grafik 18 zeigt, berührt der Mondschatten die Tag-und-Nacht-Grenze, und zwar an ihrer linken Hälfte, wo die Sonne gerade aufgeht, weil sich die Erde von Westen nach Osten dreht. Wenn der Mondschatten seine Reise über den Globus beendet, tritt er an der rechten Hälfte der Tag-und-Nacht-Grenze wieder tangential in den Weltraum hinaus: Dort geht die Sonne gerade unter. Global gesehen beginnen Sonnenfinsternisse also an jenem Rand der Erdkugel, wo die Sonne gerade aufgeht. Dann wandern sie ostwärts über den Globus und enden irgendwo bei Sonnenuntergang. (Bis auf seltene Ausnahmefälle, wenn der Kernschatten auf die nördliche oder südliche Polkappe trifft.)

Es vergeht eine Weile, bis der *gesamte* Mondschatten (Kern- und Halbschatten) vom Weltraum auf die Erde übertritt – oder von der Erde in den Weltraum zurückkehrt. Dabei berührt jeder der beiden Schattenkegel schon beim Eintritt zweimal die Erde: zuerst mit dem erdnächsten Punkt seines Kegelmantels (äußerer Kontakt) und dann noch einmal mit einem ferneren (innerer Kontakt). Zwischen den beiden Kontakten befindet sich der Schattenkegel teils auf der Erde und teils im Weltraum. Für den Kernschatten dauert dieser Übergang etwa eine Minute, für den Halbschatten bis zu zwei Stunden und mehr. In dieser Zeit dreht sich die Erdkugel um ein gutes Stück weiter. Das sorgt für die seltsamen Schleifen, die der Halbschatten am Anfang und Ende seines Weges über die Erde bildet. Die entsprechenden Kurven der schmalen Kernschattenspur sind in diesem Maßstab nicht zu erkennen.

Bei einer totalen Sonnenfinsternis in Äquatornähe braucht der Kernschatten des Mondes drei bis dreieinhalb Stunden für seinen Streifzug über die beleuchtete Erdoberfläche. In dieser Zeit dreht sich der Globus aber weiter. Der Schatten legt also keineswegs 180 Längengrade zurück, wenn er vom Sonnenaufgang zum Sonnenuntergang wandert. Trifft er bei Sonnenaufgang zum Beispiel auf den Nullmeridian, dann findet der Sonnenuntergang gerade am 180. Längengrad im Pazifischen Ozean statt. Dreieinhalb Stunden später, wenn der Kernschatten die Erdkugel am rechten Rand wieder verläßt, hat die Erde sich aber um etwa 50 Grad weiter nach Osten gedreht: Die Sonne geht also gerade in Japan und Australien unter, und der Kernschatten tritt etwa am 130. Längengrad aus.

Vom Mond aus gesehen erscheint die Totalitätszone einer Sonnenfinsternis auf der Erdkugel annähernd als Gerade, die etwa fünf Grad zur Ekliptik geneigt ist. Findet die Finsternis im aufsteigenden Knoten statt, dann steigt die Gerade von links nach rechts, bei einer Finsternis im absteigenden Knoten hingegen fällt sie. Die starken Krümmungen, die sie oft auf Landkarten und abgebildeten Globen zeigen, entstehen durch die veränderte Blickrichtung bei der Projektion: Der Äquator wird meist als horizontale Gerade dargestellt, obwohl sich seine Stellung zu Sonne und Neumond mit den Jahreszeiten maßgeblich ändert. Die Form der Totalitätszone auf einer Karte gibt daher ungefähr an, in welcher Jahreszeit die Finsternis stattfand.

Die Geschwindigkeit des Mondschattens

Die Geschwindigkeit, mit der der Kernschatten über einen Standort auf der Erdoberfläche hinwegfegt, setzt sich aus mehreren Faktoren zusammen. Da ist zunächst die Geschwindigkeit des Kernschattens im Weltraum, die in Erdnähe etwa 3380 km/h[1] beträgt. Des weiteren spielen die geographische Breite des Standortes und die Tageszeit, zu der die Totalität an diesem Ort eintritt, eine Rolle.

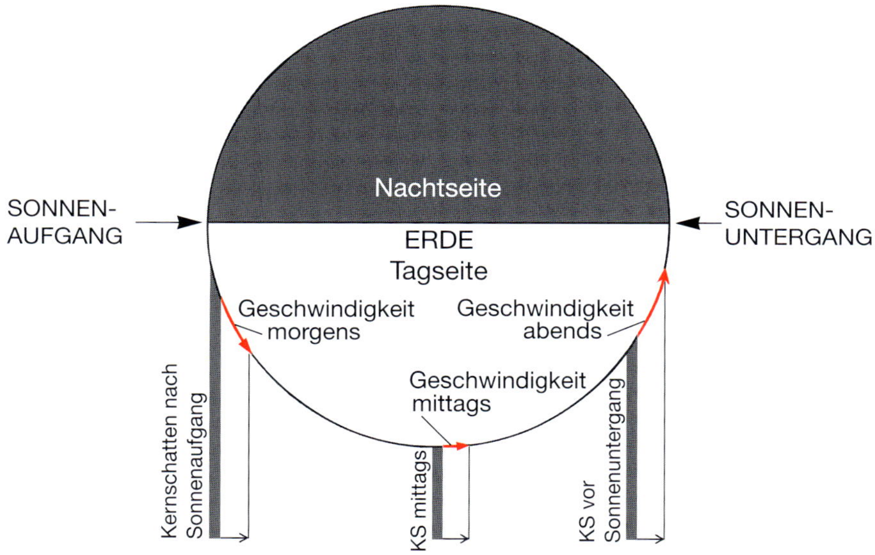

Grafik 19: Die Geschwindigkeit des Kernschattens auf der Erde ist abhängig von der lokalen Tageszeit. (Die Nachführung wurde in der Zeichnung nicht berücksichtigt.)

Zur geographischen Breite: Jeder Beobachtungsort bewegt sich aufgrund der Erdrotation von Westen nach Osten. Diese sogenannte *Nachführung* ist für Orte am Äquator am schnellsten, denn sie legen den gesamten Erdumfang (etwa 40 000 Kilometer) in 24 Stunden zurück. Ihre Geschwindigkeit beträgt also rund 1670 km/h. Orte weiter nördlich oder südlich werden langsamer nachgeführt. Die Pole stehen bei dieser Betrachtung still, denn sie drehen sich an Ort und Stelle; ihre Nachführung ist gleich Null.

[1] Mark Littmann, Ken Willcox: Totality – Eclipses of the Sun

Wenn der Kernschatten nun ebenso von Westen nach Osten über die Erde fegt, überholt er alle Orte, auf die er trifft: Am Äquator ist er am langsamsten (annäherungsweise 3380 – 1670 = 1710 km/h), weiter nördlich oder südlich wird er immer schneller, und an den Polen erreicht er seine Höchstgeschwindigkeit (3380 km/h).

Aber Vorsicht! Diese Art der Geschwindigkeitsabschätzung ist nur dort erlaubt, wo die Totalität um die Mittagszeit eintritt, also wo der Kernschatten am steilsten auftrifft. Weiter westlich oder östlich, wo er schräger steht, wird seine Geschwindigkeit durch die Krümmung der Erde gesteigert: Bei Sonnenauf- oder -untergang ist sie wesentlich höher. Wie Grafik 19 zeigt, spielt die lokale Tageszeit am Ort der Totalität eine bedeutende Rolle.

Der Schattendurchmesser

Der Durchmesser des Mondschattens auf der Erde – und damit die Breite der Totalitätszone – hängt von den Distanzen Erde – Mond und Erde – Sonne ab. Die Entfernungen schwanken, da die Umlaufbahnen Ellipsenform haben.

Grafik 20: Die elliptische Mondumlaufbahn und die elliptische Erdumlaufbahn.

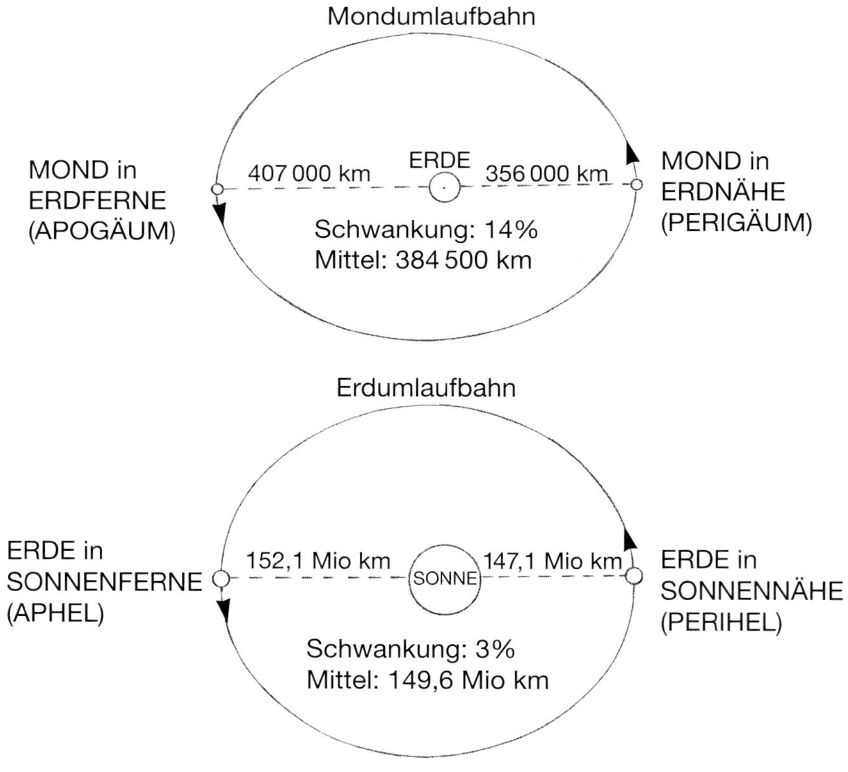

Wie schon erwähnt, dreht sich auch die Bahnellipse des Mondes langsam gegen den Uhrzeigersinn. Wandert der Mond vom erdnächsten Punkt zum erdfernsten und zurück zum erdnächsten, dann braucht er dafür 27,55 Tage *(anomalistischer Monat)*, also rund einen Vierteltag länger als für einen vollen Erdumlauf (27,32 Tage). Die Bahnellipse kehrt etwa alle 8,8 Jahre in ihre ursprüngliche Lage zurück.

Die Erde braucht hingegen für ihre Wanderung vom sonnennächsten Punkt über den sonnenfernsten zurück zum sonnennächsten 365,26 Tage *(anomalistisches Jahr)*, also nur eine halbe Stunde länger als für einen vollen Sonnenumlauf (365,24 Tage). Ihre Bahnellipse muß sich daher wesentlich langsamer drehen als jene des Mondes: Sie kehrt etwa alle 20 000 Jahre in ihre Ausgangslage zurück. Zur Zeit wandert die Erde Anfang Januar durch den sonnennächsten Punkt und Anfang Juli durch den sonnenfernsten. In 10 000 Jahren wird es umgekehrt sein.

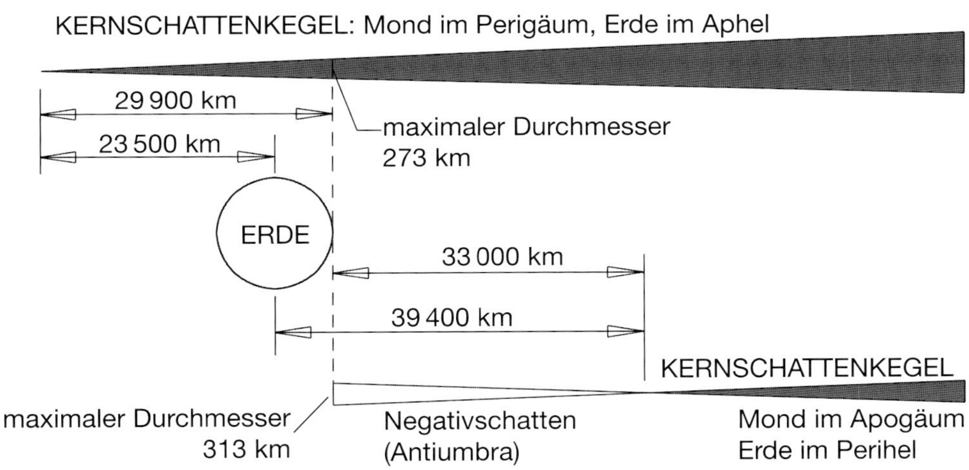

Grafik 21: Die Länge des Kernschattenkegels des Mondes hängt von den Entfernungen Erde – Mond und Erde – Sonne ab.

Wenn der Mond in Erdnähe *(Perigäum)* steht und die Erde in Sonnenferne *(Aphel)*, dann reicht der Kernschattenkegel am weitesten über die Erde hinaus. Auf der Erdoberfläche ergibt sich (in Äquatornähe!) eine totale Sonnenfinsternis mit dem größtmöglichen Schattendurchmesser von 273 Kilometern, senkrecht zur Achse gemessen.

Im umgekehrten Fall – der Mond in Erdferne *(Apogäum)* und die Erde in Sonnennähe *(Perihel)* – ist der Kernschattenkegel am kürzesten. Auf der Erdoberfläche ergibt sich eine Ringfinsternis. Der Durchmesser des *Negativschattens (»Antiumbra«)* kann in Äquatornähe maximal 313 Kilometer betragen, senkrecht zur Achse gemessen.

Die Dauer der Totalität

Ein breiter Kernschatten, der sich langsam über die Erde bewegt, bewirkt eine lange Totalität. Die längstmögliche totale Sonnenfinsternis wurde von der Astronomin Isabel Martin Lewis mit 7 Minuten und 31 Sekunden errechnet. Sie kann nur eintreten, wenn drei Bedingungen gleichzeitig erfüllt sind:

1. Der Mond steht der Erde am nächsten.
2. Die Erde steht von der Sonne am fernsten.
3. Die Totalität der Finsternis tritt mittags am Äquator ein.

Astronomen und Hobby-Astronomen bevorzugen Finsternisse mit langer Totalität. Es macht jedoch einen Unterschied, wie diese Dauer zustande kommt: ob sich ein schmalerer Kernschatten relativ langsam in Äquatornähe dahinschiebt oder ob weiter im Norden ein breiterer Schatten viel schneller über ihre Köpfe hinwegrast. Die ausschlaggebende Bedingung ist die *Magnitude*: Sie gibt das Verhältnis des (scheinbaren) Monddurchmessers zu jenem der Sonne an und beschreibt die Wesensart einer Finsternis. Unterschiedliche Magnituden liefern – bei sonst gleichen Bedingungen – verschiedene Finsternis-Erlebnisse:

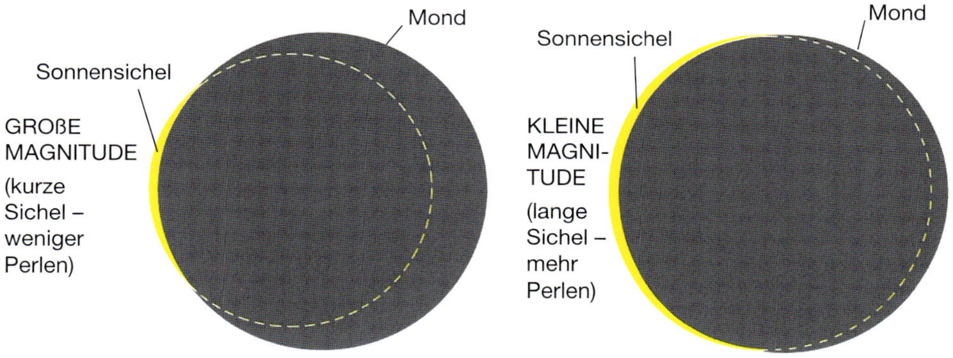

Grafik 22: Je nach Größe der Magnitude zeigt die Sichel der partiell verfinsterten Sonne verschiedene Formen.

	Große Magnitude	**Kleine Magnitude**
scheinbarer Mond-Durchmesser : Sonnen-Durchmesser	größer	ähnlich
Sonnensichel kurz vor der Totalität	kurz, breiter	lang, schmäler
Perlenschnurphänomen	kaum Perlen	viele Perlen
Kernschattendurchmesser	groß	klein
Totalität	lang und dunkel	kürzer, heller
Protuberanzen und innere Korona	bedeckt	unbedeckt
äußere Korona	besser sichtbar	kaum sichtbar
Sichtbarkeit von Sternen und Planeten	mehr und heller	weniger

Bemerkenswert ist, daß Finsternisse im Tropengürtel der Erde nicht nur eine längere Totalitätsdauer zeigen. Auch die partiellen Phasen und die Phänomene des Übergangs (fliegende Schatten, Perlschnur, Diamantring…) dauern in Äquatornähe länger, weil dort die Geschwindigkeit des Mondschattens durch die schnellere Nachführung langsamer ist.

Das Maximum der Finsternis

Eine totale Sonnenfinsternis erreicht die »Mitte ihres Verlaufs« über die Erdoberfläche (Finsternismaximum) genau dann, wenn die Achse des Mondschattenkegels ihren geringsten Abstand vom Erdmittelpunkt erreicht. Zu diesem Zeitpunkt tritt auch die größte Magnitude ein, die Maximaldauer der Totalität hingegen meist etwas früher oder später. Finsternisse in Äquatornähe erreichen ihr Maximum etwa zu Mittag.

Zahlen und Daten

Die längsten Finsternisse

Totale Sonnenfinsternis	**(Minuten:Sekunden)**	
längstmögliche Dauer:	7:31	(nach Isabel M. Lewis)
längste der vergangenen 2000 Jahre:	7:24	27. Juni 363
längste der vergangenen 1000 Jahre:	7:21	9. Juni 1062

Die längsten totalen Sonnenfinsternisse des 20. Jahrhunderts lieferte der Saros-Zyklus Nr. 136

18. Mai 1901	6:29	**20. Juni 1955**	**7:08**
29. Mai 1919	6:51	30. Juni 1973	7:04
8. Juni 1937	7:04	11. Juli 1991	6:54

Die längsten totalen Sonnenfinsternisse des 21. Jahrhunderts liefern die Saros-Zyklen Nr. 136 und Nr. 139

22. Juli 2009	**6:39**	29. März 2006	4:07
2. August 2027	6:23	8. April 2024	4:28
12. August 2045	6:06	20. April 2042	4:51
24. August 2063	5:49	30. April 2060	5:15
3. September 2081	5:33	11. Mai 2078	5:41
14. September 2099	5:18	**22. Mai 2096**	**6:06**

Im 21. Jahrhundert werden nur vier totale Sonnenfinsternisse die Sechs-Minuten-Grenze überschreiten: drei aus dem Saros-Zyklus Nr. 136 und eine aus dem Zyklus Nr. 139. Die Totalitätsdauer der 139er-Finsternisse wächst aber an. Aus dieser Familie werden daher die extrem langen Finsternisse des 22. und 23. Jahrhunderts hervorgehen, die mit ihrer Dauer beinahe an das theoretische Maximum stoßen:

5. Juli 2168	7:26
16. Juli 2186	7:29
27. Juli 2204	7:22

Ringförmig	**(Minuten:Sekunden)**	
längstmögliche Dauer:	12:30	(nach A. Danjon)
längste der vergangenen 2000 Jahre	12:23	7. Dezember 150

Zur Häufigkeit von Finsternissen

Sonnenfinsternisse

Aus der Untersuchung aller 10774 Sonnenfinsternisse von 2004 v. Chr. bis 2526 n. Chr.[1] ergibt sich, daß durchschnittlich 237,8 Sonnenfinsternisse in einem Jahrhundert auftreten. Von 100 Sonnenfinsternissen sind etwa:

27 total **33** ringförmig **5** ringförmig-total **35** partiell
oder **64** zentral und **36** nicht-zentral

in einem Jahr höchstens:	**5**	(davon 4 partiell)
in einem Jahr mindestens:	**2**	(davon 0 bis 2 partiell)
totale Sonnenfinsternis pro Jahr:	**0 bis 3**	

Jahre mit 2 Finsternissen:	1993 bis 1999, 2001 bis 2010
Jahre mit 5 Finsternissen:	1805, 1935, 2206, 2709

Mondfinsternisse

In einem Jahrhundert finden durchschnittlich 230 Mondfinsternisse statt. Von 100 Mondfinsternissen sind etwa:

36 total **27** partiell **37** penumbral (Halbschatten)

Mondfinsternisse pro Jahr[2]	**0 bis 3**
Sonnenfinsternis und Mondfinsternis pro Jahr[2] mindestens	**2** = 2 + 0 oder 1 + 1
Sonnenfinsternis und Mondfinsternis pro Jahr[2] höchstens	**7** = 5 + 2 oder 4 + 3

Bei einer kombinierten Anzahl von insgesamt sieben Sonnen- und Mondfinsternissen pro Jahr sind alle Sonnenfinsternisse partiell. So ein seltener Fall trat im Jahr 1982 ein und wird sich erst im Jahr 2485 wiederholen. (Die drei Mondfinsternisse von 1982 waren total!)

[1] Vgl. Hermann Mucke, Jean Meeus: Canon der Sonnenfinsternisse (-2003 bis +2526)
[2] Hier sind nur totale oder partielle Finsternisse berücksichtigt, nicht aber Halbschattenfinsternisse.

Babylon – Die Wiege der Astronomie

Am Anfang jeglicher Wissenschaft und Religionsentwicklung steht die Astronomie. Die Aufzeichnungen der Babylonier, aber auch Steinkreise und Monumentalbauten aus längst vergangener Zeit, sind ein Beweis, daß der Ursprung dieser Disziplin Jahrtausende zurückreicht. Schon früh zeichnete der Mensch die Bewegungen von Sonne und Mond auf, beobachtete den Lauf der Gestirne und versuchte, aus diesen Erkenntnissen Aussagen über das Geschehen auf der Erde zu treffen. Der feste Glaube an eine Korrelation zwischen den Ereignissen »oben« und »unten« war der Motor für die frühe Erforschung des Himmels, die sich zunächst als Astrologie verstand und eng an religiöse Ideen anlehnte. Tempelastrologen und Priester waren die ersten, die sich der ständigen Beobachtung des Himmels verschrieben und auffällige Wiederholungsmuster entdeckten: etwa die Sonnenwenden, Tagundnachtgleichen oder den Saros-Zyklus, der Sonnen- und Mondfinsternisse vorhersagbar machte. Vor allem babylonische Priester haben das frühe astronomische Wissen der Menschheit bereichert. Als in Europa noch Steinzeit war, hatten sie bereits eine Schrift (3000–2000 v. Chr.). Sie unterteilten den Himmel in zwölf gleich große Bereiche und benannten sie nach den zwölf Sternbildern der Ekliptik, an denen die Sonne – von der Erde aus gesehen – im Lauf eines Jahres vorüberzieht. Unsere Tierkreiszeichen gehen auf diese Leistung babylonischer Priester zurück. Sie waren überzeugt, daß in jedem Zeichen einer der damals bekannten sieben »Planeten« regiert, der den Qualitäten des Zeichens seinen Stempel aufdrückt:

Widder – Mars, *Stier* – Venus, *Zwillinge* – Merkur, *Krebs* – Mond, *Löwe* – Sonne, *Jungfrau* – Merkur, *Waage* – Venus, *Skorpion* – Mars, *Schütze* – Jupiter, *Steinbock* – Saturn, *Wassermann* – Saturn und *Fische* – Jupiter.

Die Deutung des Schicksals aus den Gestirnen war nicht nur in Babylon die treibende Kraft der Astronomie. Um Vorhersagen für das irdische Dasein zu treffen, zog man den Himmel heran. Jede ungewöhnliche Erscheinung wurde als Omen gewertet, jedes Omen als Wink oder Warnung der Götter. Wer die himmlischen Zeichen zu deuten verstand, erwarb Einfluß und Macht. Immer standen die Priester den Herrschenden nahe, oft bestieg auch ein Priester den Thron: Könige als Interpreten der göttlichen Botschaft. Der uralte Glaube, daß Gestirne Gottheiten sind, kommt heute noch zum Ausdruck, etwa in den Namen der Planeten, die sich von römischen Göttern ableiten, oder in der Dauer der Woche. Während die zwölf Tierkreiszeichen auf die Anzahl der Mondmonate eines Jahres hinweisen, gehen die sieben Tage der Woche wahrscheinlich auf die Anzahl der oben genannten »Planeten« zurück. Auch diese Unterteilung verdanken wir Babylon. Die heute gebräuchlichen Namen der Tage leiten sich aber von nordischen und römischen Göttern (=Planeten) her.

Darstellung von Sonne, Mond und Venus auf einem mesopotamischen Grenzstein, um 1300 v. Chr.

Gestirn	Deutsch	Englisch	Spanisch	Französisch	Nordische Gottheit
Sonne	**Sonn**tag	**Sun**day	Domingo	Dimanche	–
Mond (Luna)	**Mon**tag	**Mon**day	**Lun**es	**Lun**di	–
Mars	**Die**nstag	**Tues**day	**Mart**es	**Mar**di	**Thuy** (Kriegsgott)
Merkur	Mittwoch	**Wedn**esday	**Miérc**oles	**Mercr**edi	**Wotan** (Hauptgott)
Jupiter (Ios)	**Donner**stag	**Thurs**day	**Jue**ves	**Jeu**di	**Thor** (Donnergott)
Venus	**Frei**tag	**Fri**day	**Viernes**	**Ven**dredi	**Freya** (Göttin der Heirat)
Saturn	Samstag	**Satur**day	Sábado	Samedi	–

Das Rätsel von Stonehenge

Auf einer kahlen Ebene in der südenglischen Grafschaft Wiltshire, unweit des Städtchens Salisbury, steht ein steinernes Rätsel aus vorgeschichtlicher Zeit in der Landschaft. Das Monument von Stonehenge zieht den Besucher mit magischer Kraft in seinen Bann. Gewaltige Steine – die meisten über vier Meter hoch – stehen wie Götzenstandbilder verlassen im Feld. Die Erbauer von Stonehenge haben einen Teil der Blöcke mit Flößen und Schlitten 600 Kilometer weit aus Südwales herbeigeschafft und sie nach einem genauen architektonischen Plan angeordnet. Um die Entstehung der Anlage rankten sich Jahrhunderte lang wilde Geschichten. Riesen hätten das Denkmal aufgestellt oder gar der sagenhafte Zauberer Merlin. Später begannen Forscher der verschiedensten Disziplinen die Ruinen zu untersuchen, um ihre Geschichte zu rekonstruieren. Eine Theorie, die das Bauwerk den mächtigen keltischen Druiden zuschrieb, hat sich später als falsch entpuppt. Die Wissenschaft rätselt noch immer. Wer waren die Baumeister von Stonehenge wirklich? Welche Menschen traten da aus dem Dunkel der Vorgeschichte, um dieses Monument zu erschaffen? Allem Anschein nach kannten sie keine Schrift und haben uns nicht den geringsten Hinweis hinterlassen. Wir wissen nur, daß sie weder Metallwerkzeuge noch Wagen mit Rädern besaßen. Wozu haben sie aber diese unvorstellbare Leistung erbracht? War Stonehenge einst ein Schauplatz für religiöse Kulthandlungen? Ein Tempel? Oder ein astronomisches Observatorium? Funde von Brandopferresten und die auffällige geometrische Ordnung lassen vermuten, daß es alles zugleich war. Aber die Steine schweigen sich aus. Sicher ist nur, daß sie seit uralten Zeiten dort stehen und die gewaltigste Megalithanlage Europas darstellen.

Der Baubeginn von Stonehenge wurde mit Hilfe der Radiokarbonmethode etwa auf das Jahr 2750 v. Chr. datiert, ein rundes Jahrhundert vor der Errichtung der Cheopspyramide in Ägypten. Von da an bis zur Blütezeit der Druiden, also gut 1000 Jahre lang, wurde die Anlage ständig benutzt und in mehreren Schritten weiterentwickelt. Die berühmte Silhouette, die zum Teil heute noch steht, entstand um 1900 v. Chr. Dreißig gewaltige Bögen, Pfeiler und horizontale Deckenplatten aus hartem Sandstein, bildeten einen monumentalen Steinkreis. Daß einer der 30 Pfeiler nur halb so dick wie die anderen war, deutet auf die Zahl 29 1/2: die Anzahl der Tage, die der Mond braucht, um alle Phasen zu durchwandern. In den Kreis wurden hufeisenförmig mächti-

Abb. S. 91: Stonehenge

ge »Trilithen« gesetzt: fünf freistehende, noch größere Bögen, deren Pfeiler bis zu 50 Tonnen schwer sind. Diese massiven Blöcke wurden aus dem 30 Kilometer entfernten Ort Avebury herangeschleppt. Obwohl das vermutlich im Winter mit Schlitten geschah, kamen rund 100 Menschen je Block zum Einsatz.

Wissen für die Ewigkeit

Neben den gewaltigen Dimensionen wartet Stonehenge noch mit anderen Überraschungen auf. Eine Sensation löste erstmals der britische Gelehrte William Stukeley aus, als er im Jahr 1740 die Behauptung aufstellte, daß sich an dieser Anlage die Sonnenwenden ablesen lassen. In der Tat weist die Hauptachse von Stonehenge in nordöstlicher Richtung zum sogenannten Heel Stone, einem 35-Tonnen-Block, der etwa 75 Meter außerhalb des Steinkreises steht.

Die Peilung A (Graphik 23) vom Zentrum über den Heel Stone zum Horizont markiert jenen Punkt, wo die Sonne – jährlich einmal – am

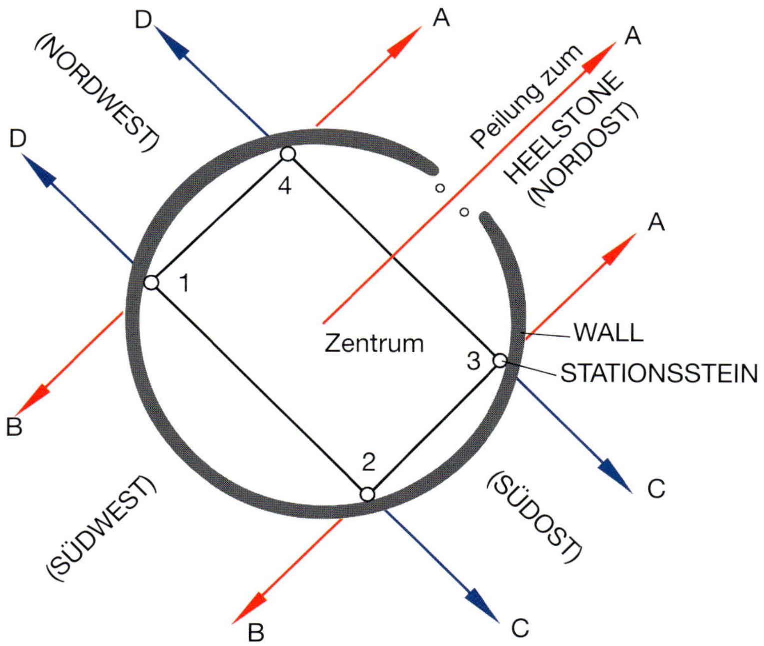

Grafik 23: Schema von Stonehenge mit wichtigen Peillinien (1. Bauphase ab 2750 v. Chr.).

1, 2, 3, 4 ... Stationssteine
Peilung A ... nördlichster Sonnenaufgang (21. Juni, Sommerbeginn)
Peilung B ... südlichster Sonnenuntergang (21. Dezember, Winterbeginn)
Peilung C ... südlichster Mondaufgang
Peilung D ... nördlichster Monduntergang

nördlichsten aufgeht. Dieser Tag ist der längste des Jahres und legt den Sommerbeginn auf der nördlichen Halbkugel fest (21. Juni, Sommersonnenwende). In entgegengesetzter Richtung (B) blickt man zu dem Punkt, an dem die Sonne im Winter am südlichsten untergeht (21. Dezember, Wintersonnenwende). Die Orientierung der Achsen von Stonehenge nach solchen astronomischen Fluchten ist zu exakt, um reiner Zufall zu sein. Es besteht kaum ein Zweifel, daß die Benutzer des Bauwerks mit Hilfe der Sonnenaufgänge über dem Heel Stone die Jahreslänge bestimmten: Sie mußten nur die Anzahl der Tage zwischen zwei solchen Sonnenaufgängen zählen. Dadurch wurde Stonehenge für die Bewohner der Region zu einem verläßlichen Kalender, der Kulthandlungen, jährliche Feste und die Zeiten für Aussaat und Ernte festschrieb.

Es gilt als wahrscheinlich, daß der Kultbau in jüngerer Zeit eher symbolisch-monumentalen Zwecken gedient hat, während die astronomischen Beobachtungen immer mehr in den Hintergrund traten. Ein Teil der alten Peillinien wurde nämlich durch die massiven Blöcke aus späteren Bauperioden verstellt. Deshalb gilt es als sicher, daß die ursprüngliche Anlage von Stonehenge ein präziseres Instrument für die Himmelsbeobachtung war als der später erweiterte Bau.

In der allerersten Bauphase wurde zu diesem Zweck ein kreisförmiger Graben mit etwa 100 Meter Durchmesser ausgehoben und die Erde zu einem zwei Meter hohen Wall aufgeschüttet. Für einen Beobachter, der vom Zentrum der Anlage in eine beliebige Richtung blickte, wurde mit diesem genialen Trick der Horizont nivelliert. An die Innenseite des Walls setzte man vier sogenannte Stationssteine, die dem Kreis ein Rechteck einschrieben. In seinen Ecken trafen sich bedeutsame Linien. Die beiden kürzeren Seiten verliefen parallel zur Visierlinie über den Heel Stone, der ebenso aus dieser frühen Zeit stammt. Die drei Parallelen (A) markierten gemeinsam den Sonnenaufgang am 21. Juni. Im rechten Winkel dazu liegen wichtige Auf- und Untergangspunkte des Mondes. Eine Peilung in südöstlicher Richtung entlang einer Längsseite des Rechtecks (C) zeigte am Horizont an, wo der Mond zu Sommerbeginn am südlichsten aufgeht. Ein Blick in die Gegenrichtung zum Nordwesthorizont (D) wies zum nördlichsten Untergangspunkt des Wintermondes. Beide Fluchten legten – von Stonehenge aus gesehen – zwei Extrempositionen der Mondbahn fest.

Dem Aufstellen der Stationssteine müssen jahrzehntelange Beobachtungen vorausgegangen sein, denn der Mond erreicht die beiden Extrempositionen nur einmal in 18,61 Jahren: der Zeitraum, in dem sich die Knotenlinie einmal um 360 Grad dreht. Zwar sind die Mondknoten als fiktive geometrische Punkte im Raum gar nicht erkennbar, aber die »Architekten« von Stonehenge haben von ihrer Existenz höchstwahrscheinlich gewußt. Das allein läßt uns angesichts der rätselhaften Kultur dieser Menschen schon staunen. Daß sie darüber hinaus ihre frühen Erkenntnisse in Stein verewigt haben, zeichnet sie aus. Es zwingt uns geradezu anzunehmen, daß sie auch Sonnen- und Mondfinsternisse vorhersagen konnten.

Eine magische Zahl

Zwar deutet kein Indiz darauf hin, daß sie dazu die Saros-Zyklen benutzten, aber für Finsternis-Prognosen braucht man dieses Wissen nicht unbedingt. Es reicht aus, neben den Positionen von Sonne und Mond die Mondknoten genau zu verfolgen. Und das ist in Stonehenge wahrscheinlich geschehen. 56 kleine Gruben, die gleichmäßig verteilt am Innenrand des kreisrunden Erdwalles liegen, weisen darauf hin. Sie wurden um 2400 v. Chr. angelegt und mit Kalk aufgefüllt. Seit ihrer Entdeckung im 18. Jahrhundert durch den britischen Schriftsteller und Altertumsforscher John Aubrey sind sie als Aubrey-Löcher bekannt. Ihre Bedeutung lag lange Zeit völlig im dunkeln.

Erst vor wenigen Jahrzehnten haben zwei Wissenschaftler das Rätsel vermutlich gelöst. Der Amerikaner Gerald S. Hawkins, Astronomieprofessor an der Universität von Boston, und sein britischer Kollege Fred Hoyle sind überzeugt, daß die Megalithbaumeister von Stonehenge erstaunliche mathematische und astronomische Kenntnisse hatten. Möglicherweise war ihr Wissensstand sogar den klassischen Griechen und den Astronomen des Mittelalters weit voraus. Hawkins und Hoyle deuten Stonehenge als eine Art antike Rechenmaschine für die Prognose von Finsternissen. Der Schlüssel zu ihrer erstaunlichen Theorie liegt in der Zahl 56.

1965 veröffentlichte Gerald S. Hawkins das Buch »Stonehenge Decoded«, in dem er eine verblüffende Erklärung für die 56 Aubrey-Löcher anbot. Sein Ansatz erregte großes Aufsehen und löste in der Fachwelt heftige Kontroversen aus. Nach Meinung des Autors haben die 56 Gruben der Erfassung der Knotenregression gedient, denn um Finsternisse vorherzusagen, muß man die Lage der Mondknoten kennen. Und das hätten die Aubrey-Löcher – auch ohne Schrift und ohne Verwendung der Saros-Zyklen – ermöglicht. Wir erinnern uns, daß sich die Knotenlinie jährlich um 19,3 Grad von Osten nach Westen dreht. Für eine volle Umdrehung braucht sie 18,61 Jahre, für drei Umdrehungen knapp 56! Jahre. Wenn also zwei bewegliche Steine oder Pfähle auf gegenüberliegenden Positionen des Aubrey-Ringes die Mondknoten dargestellt haben, dann mußte man sie jedes Jahr nur um drei Löcher im Uhrzeigersinn versetzen (bzw. alle vier Monate um ein Loch), um mit diesem Modell in 18 2/3 Jahren eine komplette Umdrehung zu beschreiben. Eine brillante Methode, um die Bewegung der Mondknoten auf einfachste Weise mitzuverfolgen. Mit geringen Korrekturen, die man ab und zu vornehmen mußte, war die Lage der Knotenlinie jederzeit ablesbar. Nur woraus ging hervor, wann sie ausgerichtet war bzw. wie weit sie von Sonne und Mond gerade abwich?

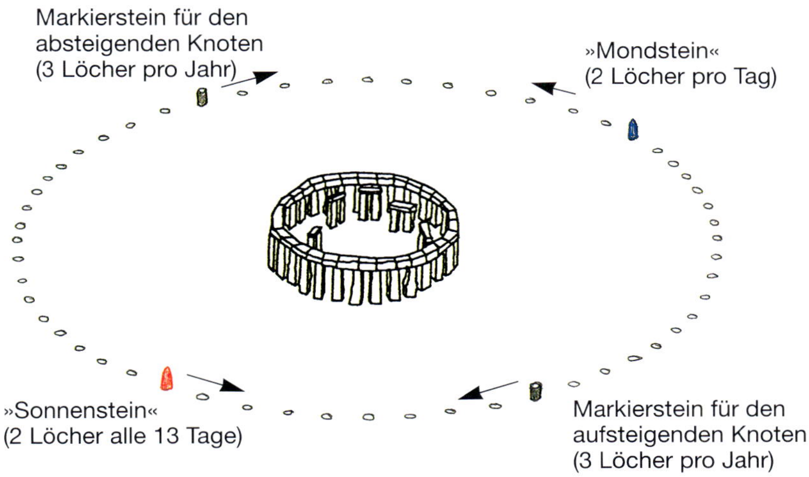

Grafik 24: Stonehenge als steinzeitlicher Eklipsen-Computer.

Stonehenge – ein Steinzeit-Computer?

Der bekannte englische Astronom Fred Hoyle gab 1977 eine Antwort auf diese Frage. In seinem Werk »On Stonehenge« beschreibt er, wie die magische Zahl 56 auch mit den Bewegungen von Sonne und Mond in Einklang gebracht werden kann. Hoyles Überlegungen lassen den Schluß zu, daß Stonehenge als einfacher, aber genialer »Steinzeitcomputer« gedient hat, der alle Daten für Finsternis-Prognosen lieferte. Man muß sich nur noch zwei weitere Markiersteine für Sonne und Mond vorstellen, die – der Natur entsprechend – gegen den Uhrzeigersinn wandern. (Die Sonne »ruht« zwar im Mittelpunkt des Systems, aber von der Erde aus gesehen bewegt sie sich im Lauf eines Jahres längs der Ekliptik nach Osten.) Rückt man den »Sonnenstein« alle 13 Tage um zwei Aubrey-Löcher weiter, dann braucht er für einen vollen Umlauf 56 : 2 x 13 = 364 Tage. Der Unterschied zur tatsächlichen Dauer eines Sonnenjahres beträgt also nur 5/4 Tage. Analoges gilt für den »Mondstein«: Bewegt man ihn jeden Tag um zwei Löcher weiter, dann dauert ein voller Umlauf 28 Tage, was annäherungsweise einem vollen

Umlauf des Mondes um die Erde entspricht (siderischer Monat: 27,32 Tage). Ist Stonehenge also ein kosmisches Miniaturmodell? Es könnte durchaus so gewesen sein. Sonne, Mond und die beiden Mondknoten werden wie Figuren in einem Brettspiel um die im Zentrum gedachte Erde bewegt.

Immer wenn der Mondstein auf einer bestimmten Position den Sonnenstein überholte, war Neumond. Bei Vollmond standen sie einander auf dem Aubrey-Kreis diametral gegenüber. Kamen drei Markiersteine auf einer Position gleichzeitig zusammen, dann war der Neumond einem der beiden Mondknoten nahe, und es mußte irgendwo auf der Erde eine Sonnenfinsternis sein. Bei Mondfinsternissen trafen hingegen die Repräsentanten von Sonne und Mond auf je einen Knotenstein und standen sich paarweise gegenüber.

Die geringen Fehler dieses verkleinerten Sonne-Erde-Mond-Systems konnte man leicht korrigieren, denn die tatsächlichen Positionen von Sonne und Mond waren aus der täglichen Beobachtung ständig bekannt. Noch dazu ließ sich die Genauigkeit des Modells durch Verkürzen der Zeiträume zwischen dem Versetzen der Steine erhöhen: etwa durch Weiterbewegen des Sonnensteins alle 6 1/2 Tage um nur ein Aubrey-Loch.

Ein rätselhafter Kult

Die astronomische Bedeutung von Stonehenge könnte mit diesen Theorien weitgehend geklärt sein, über seine Rolle als Tempel oder Kultzentrum wissen wir nichts. Auch zahlreiche andere Megalithdenkmäler in Westeuropa geben uns in dieser Hinsicht noch Rätsel auf. Sie sind die ältesten der Welt und vielfach mit delikaten Mustern verziert. 3000 Jahre und länger haben die Menschen an manchen von ihnen gebaut und gestaltet, aber ihr Schaffensdrang endet um 1500 v. Chr. abrupt. Danach entstanden nirgendwo mehr in Europa solche Monumente. Die eindrucksvollen Bauten wurden dem Verfall preisgegeben. Als die Israeliten unter Moses' Führung aus Ägypten auszogen (etwa 13. Jahrhundert v. Chr.), war Stonehenge schon wieder verlassen. Hatte sich das Volk von der alten Religion abgewendet? Wurden die herrschenden Priester entthront? Welche Rolle spielte der Glaube? Ob und welchen Göttern in Stonehenge geopfert wurde, wird vielleicht immer ungeklärt bleiben, denn darüber finden sich nur Legenden. Der griechische Historiker Diodoros von Sizilien berichtete ungefähr zu der Zeit von Christi Geburt von Gerüchten über eine sagenhafte Insel weit oben im Norden. Dort hätten die Menschen, die sich als »Hyperboreer« bezeichnen, ein »rundes Heiligtum« und eine Priesterschaft, die das Amt auf ihre Nachkommen vererbt. Alle 19 Jahre, wenn die Himmelskörper einen bestimmten Zyklus vollenden, werden sie der Überlieferung nach von einem ihrer Götter besucht.

Der Gedanke liegt nahe, daß Stonehenge auch religiös-kultischen Zwecken gedient hat. Steinzeitmenschen, die an einem heiligen Ort heilige Zeiten wie Sonnenwenden, Tagundnachtgleichen oder Finsternisse vorhersagen konnten, haben diese Ereignisse bestimmt gebührend gefeiert. Über ihre Rituale und Zeremonien wissen wir nichts. Aber die Vorstellung früherer Gelehrter, daß Stonehenge und andere Steinkreise Englands Schlangentempel der Druiden, sogenannte Dracontia, waren, läßt sich auf einer mythischen Ebene mit Finsternissen verknüpfen. Das lateinische Wort *draco* bedeutet »Schlange« und »Drache« zugleich. Manche Völker erklärten sich Sonnenfinsternisse dadurch, daß ein himmlischer Drache die Sonne verschluckte und sie hernach wieder ausspie. Astronomen nennen deshalb den Zeitraum, den der Mond braucht, um wieder zu einem bestimmten Knoten zurückzukehren (27,2 Tage), einen *drakonitischen Monat*. Ob die legendäre Schlange von Stonehenge und der Mythos vom sonnenfressenden Drachen aber in symbolischer Form tatsächlich das gleiche Ereignis verkörpern, können wir heute nur mehr erahnen.

Spurensuche am Nil

Als »Geschenk des Nil« bezeichnete der griechische Geschichtsschreiber Herodot vor fast 2500 Jahren Ägypten, und er hat damit heute noch recht. Wie eh und je ist der Nil die Lebensader des Landes. Der schmale fruchtbare Streifen zu beiden Seiten des Stromes brachte schon vor Jahrtausenden eine blühende Zivilisation mit gottgleichen Herrschern hervor: Amenophis, Thutmosis, Hatschepsut, Ramses... Ihre Namen leben weiter in Stein, denn sie hinterließen kunstvolle Tempel und Mausoleen. Allen voran die gewaltigen Pyramiden von Gizeh, das einzige Weltwunder der Antike, das bis heute erhalten geblieben ist.

Allein mit dem Bau der Cheopspyramide war – laut Herodot – ein Heer von Menschen beschäftigt: Hunderttausend Bauern, Sklaven und Kriegsgefangene haben zwanzig Jahre lang Block um Block aus dem 1000 Kilometer entfernten Assuan herbeigeschafft und 147 Meter hoch übereinandergetürmt: 6,5 Millionen Tonnen Gestein. Ein Monument kollektiven Wahnsinns? Ausdruck der Gigantomanie eines Tyrannen, der von einer Ruhestatt für die Ewigkeit träumte? Oder ein Denkmal der Wissenschaft jener Epoche? Die technische Perfektion, die sich hinter den steinernen Kolossen verbirgt, läßt sich nicht leugnen.

Pharao Ramses II. Die gottähnlichen Herrscher am Nil verstanden sich als Söhne der Sonne.

Schon der Brite Moses B. Cotsworth, der die Cheopspyramide um die Jahrhundertwende erforschte, gelangte zur Überzeugung, daß sie auch astronomischen Zwecken gedient haben muß, weil sie die Dauer eines

Die Pyramiden von Gizeh dienten während der Bauzeit wahrscheinlich als Observatorien.

Jahres mit hoher Genauigkeit angab. Dafür spricht ihre Ausrichtung zum damaligen Polarstern Alpha Draconis (im Sternbild des Drachen) und ihr besonderer Neigungswinkel. Die Seitenflächen der Cheopspyramide wurden offenbar gerade so steil angelegt, daß sie zwischen Frühlings- und Herbstbeginn zu Mittag schattenlos war (auch wenn sich der Zeitraum später ein wenig verschob). Erst im September trat der Mittagsschatten der Pyramidenspitze aus dem Bauwerk heraus und wanderte längs eines Meridians täglich ein Stück weiter nach Norden. In den folgenden sechs Monaten, in denen kein Sonnenstrahl auf die Nordfassade der Pyramide fiel, wurde ihr mittäglicher Schatten auf dem Meridian möglicherweise wie ein Kalender verwendet. Bei Grabungen im Jahr 1900 fand sich Cotsworth in seinen Theorien bestärkt: Auf der Nordseite des Monumentalbaus stieß er auf eine Art Meßterrasse aus quadratischen Platten. Die Seitenlänge der bearbeiteten Steine entsprach fast exakt dem Maß, um das der Schatten der Pyramidenspitze jeden Tag vorrückt. Er erreichte seinen Wendepunkt etwa 90 Meter nördlich der Pyramidenbasis zur Wintersonnenwende und kehrte dann schrittweise nach Süden zurück, um im März wieder ganz zu verschwinden. Wie wurden aber die schattenlosen Tage zwischen März und September gezählt? Aus historischen Quellen ist uns bekannt, daß die Pyramide mit polierten Kalksteinplatten bedeckt war und ihre glatten Flächen das Sonnenlicht stark reflektierten. Nach eingehenden Vermessungen des britischen Bauingenieurs David Davidson könnte das gespiegelte Lichtdreieck, dessen Spitze über das Plateau südlich der Cheopspyramide wanderte, genauso verwendet worden sein wie der Schatten im Norden.[1]

Trotz zahlreicher Thesen und Spekulationen ist heute sicher, daß die Pyramidenbauer über ein hervorragendes geometrisches und astronomisches Wissen verfügten. Schon die Einmessung des Bauwerks in das Gelände war eine Meisterleistung der Geodäsie. Dazu haben Forschungen im Inneren der Pyramide ergeben, daß der breite Gang zur Königskammer, die Große Galerie, während der Bauzeit ein ideal gelegener »Beobachtungsschacht« für die Vermessung des Sternenhimmels war. Während der frühen Dynastien faßten die Priester besonders den hellen Stern Sirius ins Auge. Der Tag, an dem er das erste Mal im Jahr kurz vor der Morgendämmerung aufgeht und gerade noch sichtbar ist, bevor ihn die nachfolgende Sonne überstrahlt, war den Erbauern der Pyramiden heilig, denn er kündigte die jährlichen Nilüberschwemmungen an: Drei Wochen später begann der Wasserspiegel zu steigen. Ein unverzichtbarer Segen, denn am Ende der Flut legte sich fruchtbarer Schlamm als Dünger über die Felder.

Die Entzifferung der Hieroglyphenschrift, insbesondere durch den Franzosen Jean-François Champollion, brachte ab dem 19. Jahrhundert mehr Klarheit in die religiöse Welt der Ägypter. Dabei trat neben Sirius vor allem die Rolle der Sonne hervor, die in Gestalt des Gottes Ra verehrt wurde. Ihm war als Kultzentrum die »Sonnenstadt« *Heliopolis* in Unterägypten geweiht. Aber auch andere Götter standen in enger Verbindung zur Sonne: etwa Amun-Ra, der Hauptgott von Theben (Luxor), oder der Falkengott Horus, der in seinem rechten Auge die Sonne und im linken den Mond trug. Für die kultische Bedeutung der Sonne finden sich im Niltal eine Menge Beweise. Tempel und Heiligtümer wurden nach ihr orientiert, der göttliche Pharao führte sogar seine Abstammung auf sie zurück. Um so mehr überrascht es, daß Historiker und Archäologen keinen wesentlichen Hinweis auf Sonnenfinsternisse entdeckten. Haben die begabten Priesterastronomen in Ägyptens Tempeln gerade dieses Schauspiel gleichgültig hingenommen? Oder wurde das periodische Erlöschen ihres Gottes gar nicht bemerkt? Das scheint völlig unmöglich, denn zwischen 3 000 und 1 000 v. Chr. traten im Niltal mehr als zwanzig totale Sonnenfinsternisse auf.

[1] Vgl. Peter Tomkins: Cheops. Die Geheimnisse der Großen Pyramide – Zentrum allen Wissens der alten Ägypter

Vielleicht wurde dieses Ereignis aber nur in symbolischer Form festgehalten. Auf einer Reihe von Tempeleingängen, Grabkammern und Ritualgegenständen stellt eine Sonnenscheibe mit Flügeln den Sieg des Lichtes über die Dunkelheit dar. Die Flügelspannweite beträgt jeweils acht bis zwölf Sonnendurchmesser, was auf eine besondere Form der Korona hinweisen könnte: Ihr Aussehen ändert sich nämlich mit dem elfjährigen Zyklus der Sonnenaktivität. Immer wenn im Verlauf dieses Zyklus die Anzahl der Sonnenflecken auf ein Minimum sinkt, ist auch die Strahlkraft der Korona merklich geringer. Dann kann es vorkommen, daß sie in Richtung des Sonnenäquators äußerst lichtschwache, aber lange Strahlenbündel ausbildet. Sie sind bei klarem Himmel mit freiem Auge erkennbar und erinnern an eine Sonne mit Flügeln.

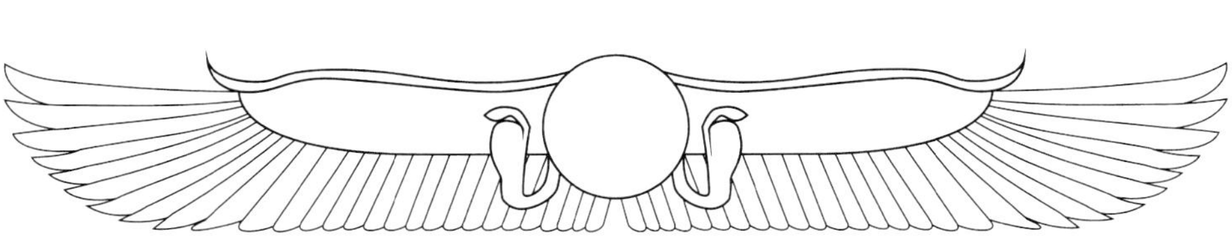

Eine Zeichnung von Samuel P. Langley zeigt die Korona während der Sonnenfinsternis am 29. Juli 1878 in den USA. Ihre langen Strahlen erinnern an die geflügelte Sonnendarstellung der Ägypter.

Unter Historikern und Astronomen herrscht dennoch eine gewisse Ratlosigkeit angesichts der Tatsache, daß das alte Ägypten an Sonnenfinsternissen nicht mehr Interesse gezeigt haben soll. Denn der ausgeprägte Sonnenkult war das Rückgrat der Religion. Pharao Amenophis IV., ein Herrscher der 18. Dynastie, und seine sagenhaft schöne Frau

Nofretete, gingen um der Sonne willen sogar als »Ketzerkönige« in die Geschichte ein. Amenophis ordnete um 1350 v. Chr. aus innerer Überzeugung den alleinigen Sonnenkult an. Er ließ in Theben (=Luxor) gegen den Widerstand seiner Priesterschaft das Heiligtum des Hauptgottes Amun-Ra schließen und die Namen zahlreicher Götter aus Inschriften tilgen. Ein neuer Tempel, den er in Karnak der Sonnenscheibe Aton weihte, sollte die Umgestaltung der Religion zementieren. Amenophis (ägypt. Amun-Hotep) legte sogar seinen Namen ab und nannte sich fortan zu Atons höherer Ehre »Echnaton« (ägypt. Akhen-Aton). Um den Bruch mit den alten Göttern auch in seiner weltlichen Herrschaft zum Ausdruck zu bringen, gründete er eine neue Residenz in Mittelägypten (Tell-el-Amarna) und widmete sich dort der Verbreitung des neuen Kultes. Echnatons religiös-philosophisches Gedankengebäude gipfelte im »Sonnengesang«[1], einer lyrischen Hymne, in der er die Sonne als neuen Reichsgott besang:

»Strahlend steigst du auf am Rand des Himmels,
Aton, der du lebst seit Anbeginn.
Du wanderst empor und erfüllst die Welt mit Licht...
Du bist fern, doch deine Strahlen befruchten das Land...
Wenn du am westlichen Horizont untergehst,
breitet sich Finsternis über die Erde, als wäre sie tot...
Morgens jedoch, wenn du wieder am Himmelsrand aufgehst,
flieht die Finsternis vor deinem Antlitz, und beide Länder frohlocken...
Das Vieh erfreut sich der Weide, wenn Felder und Kräuter erblühen...
Die Vögel steigen auf und preisen dich mit ihren Flügeln.
Die Fische im Wasser hüpfen vor deinem Angesicht,
deine Strahlen dringen tief ins Meer...
Oh, du einziger Gott, der seinesgleichen nicht hat,
du hast die Erde nach deinem Herzen erschaffen ...
Alle blicken auf zu dir, Sonne des Tages!« (gekürzt)

Dieses poetische Werk, der »Große Aton-Hymnus Echnatons«, ging als Höhepunkt der altägyptischen Hymnik in die antike Literatur ein. Aus den Versen sprechen Feinsinn und Demut eines ägyptischen Herrschers. Ein sensibler König mit humanistischen Zügen, der nur einen einzigen Gott anbeten will, und diese neue Geisteshaltung geradezu missionarisch auch seinen Untertanen empfiehlt. Für die Priesterschaft Thebens war dieser Wunsch unerfüllbar. Der von oben verordnete Sonnenmonotheismus stellte einen radikalen Bruch mit Ägyptens Tradition dar, was auch im Volk zu Widerstand führte. Schon kurz nach

[1] Vgl. E. A. Wallis Budge: The Dwellers on the Nile. The Life, History Religion and Literature of the Ancient Egyptians

Echnatons Tod wurde Amun-Ra als Hauptgott von Theben rehabilitiert. Der jugendliche König, der auf Echnaton folgte, bezeugte die Rückkehr zum alten Glauben mit seinem Namen: Pharao Tuth Ench Amun. Sein Grabmahl wurde 1922 vom Archäologen Howard Carter geöffnet. Unter den prunkvollen Schätzen fand er staunend einen Zeremonienstuhl, auf dessen Lehne eine goldene Sonne ihre Flügel entfaltet.

Mexiko, 11. Juli 1991. Doppelbelichtung. Die partielle Phase der Finsternis.

Im Reich der Mitte

Die Vorstellung, daß ein gefräßiger himmlischer Drache die Sonne verschlingt, war nicht nur in China verbreitet.

Auch Chinas Interesse für die Zyklen des Himmels wurzelt im starken Glauben an die Astrologie. Die Überzeugung, daß der Lauf der Gestirne auf alle Ereignisse wirkt, war im Volk und im Adel gleichermaßen verankert. Vor allem die Fürsten hielten es aber für ratsam, die Konstellationen des Himmels zu kennen, um politische Entscheidungen mit ihnen in Einklang zu bringen. Mit der Zeit entwickelte sich daraus ein kompliziertes System der politischen Astrologie, auf das auch der Kaiser vertraute. Der Monarch – im Reich der Mitte als »Sohn des Himmels« verehrt – war stets bemüht, die Ereignisse rund um den Thron auf eine gesunde himmlische Basis zu stellen. Er unterhielt am Hof ein »astronomisches Institut«, dem die Aufgabe zukam, jedes Zeichen am Himmel sorgfältig zu registrieren. Nacht für Nacht wachten fünf Hofastronomen seiner Majestät, um den Zenit und die vier Himmelsrichtungen nach warnenden Signalen zu prüfen. Dabei lenkten sie ihre Aufmerksamkeit auf die Stellung der Planeten, sie registrierten Blitze, Kometen und Sternschnuppen und zeichneten auf, was ihnen ungewöhnlich erschien. Frühmorgens, vor dem Öffnen der Palasttore berichteten sie unabhängig voneinander dem Kaiser. Gab ein Himmelsereignis aus astrologischer Sicht Anlaß zur Sorge, wurde über Gegenmaßnahmen beraten.

Nach einer Legende erhielten die Brüder Hi und Ho vom Kaiser den Auftrag, die himmlische Ordnung zu bewahren.

Sonnenfinsternisse galten als besonders bedrohlich. Eine uralte Geschichte erzählt vom traurigen Schicksal der beiden Hofastronomen Hi und Ho, die sich betrunken hatten und es deshalb versäumten, den Kaiser und seinen Hofstaat rechtzeitig vor einer bevorstehenden Finsternis zu warnen. Damals wurden in China diese Ereignisse mit der Vorstellung erklärt, daß ein gefräßiger himmlischer Drache die Sonne verschlingt. Da sich das Tier am ehesten durch gewaltigen Lärm verscheuchen ließ, schlugen die Menschen Trommeln und Gongs und hoben zu lautem Geschrei an. Bei der erwähnten Finsternis aber, die in die Regierungszeit eines frühen Kaisers namens Chung Kang gefallen sein soll, machte sich der Drache ohne Vorwarnung der verantwortlichen Astronomen über die Sonne her. Jedenfalls waren Hi und Ho in ihrem Zustand nicht fähig, mit angemessenen Mitteln darauf zu reagieren. Obwohl die Finsternis wieder vorbeiging, geriet der Kaiser über die Nachlässigkeit seiner beiden Beamten so sehr in Zorn, daß er sie hinrichten ließ. Ein englischsprachiger Vierzeiler aus der Feder eines unbekannten Autors bringt die Tragödie so auf den Punkt:

»Here lie the bodies of Ho and Hi,
Whose fate, though sad, is risible;

Being slain because they could not spy
Th' eclipse which was invisible.«[1]

Im Zusammenhang mit dem gewaltsamen Ende von Hi und Ho tauchen verschiedene Zeitangaben auf, etwa das Jahr 2 136 v. Chr., der 22. Oktober 2 134 v. Chr. oder der Zeitraum zwischen 2 159 und 1 948 v. Chr. Könnten sich Historiker für diese Geschichte verbürgen, dann wäre sie zweifellos die älteste bekannte Erwähnung einer Sonnenfinsternis. Inzwischen steht aber fest, daß sie in das Reich der Legende gehört: Der Name Hi-Ho ist mythologischen Ursprungs und bezeichnet in Chinas alter Literatur die legendäre Mutter der Sonne als auch den Lenker des Sonnenwagens. In Schriften aus dem 6. Jahrhundert v. Chr. tauchen schließlich sechs mythische Figuren auf, Männer mit magischen Kräften, die auf die Namen Hi und Ho hörten: Sie wurden von einem historisch nicht belegbaren Kaiser mit der Aufgabe betraut, die Zyklen des Himmels in Ordnung zu halten und den gewohnten Verlauf der Jahreszeiten zu garantieren. Neben ihrer Verantwortung, die Sonne am Tag der Sommer- und Wintersonnenwende zur Umkehr zu zwingen, sollen diese Zauberer auch Finsternisse verhindert haben.[2]

Die ältesten historischen Aufzeichnungen Chinas, die sich auf Sonnenfinsternisse beziehen, wurden in An-yang im Nordosten des Landes entdeckt. Es handelt sich um Ritzungen auf geheimnisvollen Orakelknochen aus dem späten 14. Jahrhundert v. Chr., die folgendermaßen übersetzt wurden: »Drei Flammen verzehrten die Sonne, und ein großer Stern war sichtbar.« Damit waren wahrscheinlich die Korona oder Protuberanzen während einer Finsternis gemeint. Solche Knochen mit eingravierten Symbolen und Schriftzeichen wurden in der traditionellen chinesischen Medizin als »Drachenknochen« bezeichnet und oft als rituelle Heilmittel verwendet. Die weltweit älteste Erwähnung einer Sonnenfinsternis, die als völlig zweifelsfrei gilt, wurde hingegen in Ugarit im heutigen Syrien entdeckt. Sie bezieht sich auf die totale Sonnenfinsternis vom 5. März 1223 v. Chr.[3]

Eine erste chinesische Auflistung von Sonnenfinsternissen verdanken wir vermutlich dem Philosophen Konfuzius (551–479 v. Chr.). Das Werk »Frühlings- und Herbstannalen«, dessen Herausgabe ihm zugeschrieben wird, enthält eine der ältesten Serienbeschreibungen von Sonnenfinsternissen: Sie erwähnt mehr als 30 Sonnenfinsternisse, die zwischen 720 und 481 v. Chr. stattfanden und von denen drei als totale beschrieben sind. Mondfinsternisse erweckten dagegen in China erst

[1] Michael Maunder/Patrick Moore: The Sun in Eclipse
[2] Vgl. James Legge: The Chinese Classic, Band 3: The Shoo King
[3] Vgl. Mark Littmann / Ken Willcox: Totality – Eclipses of the Sun, S. 187

spät Interesse: Da sie viel regelmäßiger erscheinen und deshalb als periodische Phänomene gesehen wurden, setzten ernsthafte Aufzeichnungen erst nach der Sui-Dynastie (581–618 n. Chr.) ein.[1]

Das Bild vom himmlischen Drachen, der dann und wann über die Sonne herfällt, blieb in China recht lange erhalten. Zwar wurden Beobachtungen von Sonnenfinsternissen schon früh schriftlich niedergelegt, ihre Zusammenhänge aber erst verhältnismäßig spät durchschaut. Es heißt, daß das Verständnis der chinesischen Astronomen etwa im 3. oder 4. nachchristlichen Jahrhundert ausgereicht hat, um Finsternisse einigermaßen vorherzusagen. Sehr verläßlich waren diese Prognosen allerdings nicht. Alte Chroniken belegen, daß noch im 13. Jahrhundert schwere Irrtümer nicht auszuschließen waren. So hat sich etwa die Legende von Hi und Ho in abgewandelter Form drei Jahrtausende später doch noch erfüllt. Da sollen die Finsternis-Berechnungen des kaiserlichen Chefastronomen um 1200 n. Chr. zweimal innerhalb von wenigen Jahren so falsch oder zumindest so ungenau gewesen sein, daß sie von unabhängigen Astronomen bei weitem übertroffen wurden. Der Kaiser forderte Rechenschaft für die Schlamperei seiner Beamten und ließ sie drakonisch bestrafen.[2]

[1] Vgl. F. Richard Stephenson/David H. Clark: Ancient Astronomical Records from the Orient, in: Sky & Telescope, Februar 1977

[2] Vgl. Joseph Needham/Wang Ling: Science and Civilisation in China, Band 3: Mathematics and the Sciences of the Heavens and the Earth

Aus der Neuen Welt

Als der spanische Eroberer Hernán Cortés im Jahr 1519 eine Schar goldgieriger Glücksritter nach Mexiko führte, ahnte er nicht, daß die tropischen Wälder vor allem steinerne Schätze verbargen. Der Südosten des Landes und Teile der heutigen Staaten Guatemala, El Salvador und Honduras sind übersät mit Tempeln und Pyramiden. Anders als jene der alten Ägypter gleichen sie gewaltigen Treppen zum Himmel: mächtige Stufengebäude, die sich nach oben verjüngen und auf der höchsten Plattform ein Heiligtum tragen.

Die Maya

Ihre Erbauer, die sagenhaften Maya, waren verschwunden. Ganze Städte, die sie einst bewohnt hatten, lagen verlassen im wuchernden Grün. Niemand kann mit Gewißheit sagen, warum die Kultur dieses Volkes degenerierte. Sicher ist nur, daß ihr Verfall schon Jahrhunderte vor der Ankunft der Spanier begann. Ihre einstige Größe trat erst zutage, als sich die Wissenschaft der Ruinen annahm. (18./19. Jahrhundert).

Fast 2000 Jahre lang hatten die Maya mit wahrer Besessenheit Pyramiden und Tempel errichtet. Auch wenn sie technologisch gesehen noch in der Jungsteinzeit lebten, weil sie weder Rad noch Pflug noch Metallwerkzeug kannten, blieb ihr Schöpfergeist im alten Amerika unübertroffen. Mitten im lebensfeindlichen Klima des Regenwaldes schufen sie eine Hochkultur mit eigener Schrift. Von den rund 400 Hieroglyphenzeichen, die vor allem Steinsäulen und Keramiken schmücken, ist etwa die Hälfte entziffert: Sie geben wertvolle Hinweise auf ihre Schöpfer. Die hochentwickelte Agrargesellschaft, die den Waldboden durch Brandrodung urbar machte, wurde von Priesterdynastien regiert und zum Bau von Städten herangezogen. Die Anlagen von Palenque, Chichén Itzá oder Tikal wuchsen zu wahren Juwelen heran. Es gibt keinen schlüssigen Beweis, daß sich diese weit verstreuten Urwaldmetropolen je zu einem Staat organisierten. Viel eher pflegten sie als unabhängige Städte lose Beziehungen, die vor allem auf gemeinsamen religiösen Werten beruhten. Neben Sonne, Mond und dem Planeten Venus verehrten die Maya Naturgötter (Wind, Regen, Erde, Mais, Schlange, Jaguar...) und einen Kriegsgott, dem sie ab und zu Menschen opferten. Ein anderes Bindeglied war

die Schrift. Mit ihr konnte die Priesterschaft abstrakte Begriffe und Zahlen darstellen, was ihr den Weg zur Mathematik und Astronomie ebnete.

Die Pyramiden von Tikal in Guatemala: Die Maya waren begnadete Architekten und Astronomen.

Schon in den ersten Jahrhunderten unserer Zeitrechnung – also fast ein Jahrtausend vor dem Abendland – gebrauchten die Maya ein Symbol für die Null. Sie rechneten aber nicht im Dezimalsystem, sondern mit Ziffern von 0 bis 19, was auf die Anzahl der Finger und Zehen zurückgeht (Vigesimalsystem).

Mit hohen Zahlen und dem mathematischen Stellenwert bestens vertraut, wurden die Maya zu Meistern der Architektur und Astronomie. Zahlreiche Bauten, grandiose Pyramiden- und Tempelanlagen, haben sie nach den Sonnenwenden und Tagundnachtgleichen ausgerichtet. Für die Beobachtung von Sonne, Mond und Venus schufen sie regelrechte Observatorien. Die Priesterastronomen hatten erkannt, daß die Genauigkeit der Meßdaten steigt, je länger man den Lauf eines Gestirnes verfolgt. So ermittelten sie die Dauer eines Mondzyklus auf wenige Sekunden genau, indem sie die Beobachtung des Mondes auf insgesamt 405 Lunationen (32,7 Jahre) ausdehnten. Noch bemerkenswerter waren die Messungen, mit denen sie die Umlaufzeit des Planeten

Über die Maya-Ruinen von Palenque in Mexiko erhebt sich ein Turm, der als astronomisches Observatorium diente.

Venus bestimmten: Ihnen legten sie einen Beobachtungszeitraum von 384 Jahren zugrunde.[1]

Ausgehend von ihrem exakten astronomischen Wissen trieben die Maya-Priester einen wahren Kult mit der Zeit. Der alte mittelamerikanische Kalender, der auf das Volk der Olmeken zurückgeht, wurde von ihnen weiterentwickelt. Das Maya-Jahr *Haab* bestand aus 18 Monaten zu je 20 Tagen, denen abschließend fünf unheilvolle Tage hinzugefügt wurden. Dieses säkulare Jahr, das auf Beobachtungen der Sonne beruhte (365 Tage), wurde von dem *Tzolkin*, einem Ritualjahr von 260 Tagen, überlagert. Dadurch ergab sich eine sogenannte *Kalenderrunde*, ein Zyklus von 52 Sonnenjahren oder 73 Ritualjahren, nach deren Ablauf beide Jahresanfänge wieder auf denselben Tag fielen. Für die Maya hatte dieser Zeitraum etwa die Bedeutung wie für uns ein Jahrhundert. Später bezogen sie in ihre Zeitrechnung auch die Umläufe von Mond und Venus ein, so daß sie insgesamt fünf Zyklen parallel beobachteten. Recht ungewöhnlich verlief dabei die Zählung der

[1] Vgl. Die letzten Geheimnisse unserer Welt, Kapitel: Das außergewöhnliche Volk der Maya

Schalttage, was die genialen Maya-Astronomen aber nicht hinderte, die Länge eines Sonnenjahres so genau zu bestimmen, daß ihr Kalender genauer war als der Gregorianische, den wir seit 1582 verwenden.[1]

Neben Gravuren in Stein, die vielfach Datumsangaben enthalten, haben die Maya auch zahlreiche Texte auf imprägnierter Baumrindenfaser verfaßt. Leider wurden die meisten dieser akkordeonartig gefalteten »Kodizes« später von fanatischen Mönchen als »Werke des Teufels« verbrannt. Die wenigen Exemplare, die der Zerstörungswut der Spanier entgingen, werden heute in europäischen Museen (Madrid, Paris, Dresden) aufbewahrt. Unter ihnen sticht besonders der *Dresden-Kodex* hervor. Er stammt aus dem 11. Jahrhundert und gilt als Schlüsseldokument für die Maya-Astronomie. Neben Kalenderzyklen und Daten über die Venus sind auf mehreren Seiten auch Hieroglyphen für Sonnenfinsternisse dargestellt: Sie enthalten das Zeichen für »Sonne« *(kin)* auf geteiltem, schwarzweißem Hintergrund, der den Flügeln eines Schmetterlings ähnelt. Zwei dieser Bilder zeigen auch mythische Schlangen: Sie bewegen sich mit weit geöffnetem Maul auf die Sonne zu und wollen sie scheinbar verschlucken.

Der Anthropologe und Astronom *Anthony F. Aveni* fand eine Erklärung für die verwirrenden Ziffern neben den Hieroglyphen.[2] Er

Hieroglyphen für »Sonnenfinsternis« aus dem Dresden-Kodex.

[1] Vgl. Wilfried Westphal: Die Maya – Volk im Schatten seiner Väter, Kapitel: »Kalender und Inschriften«, S. 63, »Sonne, Mond und Sterne«, S. 98

[2] Vgl. Anthony F. Aveni: Skywatchers of Ancient Mexico

interpretiert sie als Zahlenreihen, die mehrmals den Wert 177 und am Ende 148 darstellen. Sie entsprechen den Zeiträumen, die zwischen sechs bzw. fünf Lunationen liegen (6 x 29,53 = 177,18 Tage; 5 x 29,53 = 147,65 Tage). Wie wir gesehen haben, treten aufeinanderfolgende Finsternisse nur in Zeitfenstern auf, deren Mitten durch ein halbes Finsternisjahr (173,3 Tage) voneinander getrennt sind. Deshalb können zwischen zwei Finsternissen jeweils nur sechs oder fünf Lunationen (oder sehr selten eine) liegen. Den Maya war diese fundamentale Regel bekannt. Deshalb konnten sie – ausgehend von einer beobachteten Sonnen- oder Mondfinsternis – die Gefahrenzeit für die nächste bestimmen. Durch Addieren von 177 oder 148 Tagen stand das Datum der nächsten Finsternis mit hoher Wahrscheinlichkeit fest, auch wenn sie in ihrem Gebiet gar nicht sichtbar war. Genial, den komplizierten Finsternis-Rhythmus auf zwei einfache Zahlen zu reduzieren! Allerdings haben sie diese Leistung noch übertroffen. Da sich die Aufzeichnungen des Dresden-Kodex über einen Zeitraum von mehr als 30 Jahren erstreckten, waren kleine Korrekturen notwendig. An einigen Stellen taucht daher die Zahl 178 statt 177 auf, womit berücksichtigt wurde, daß der Zeitraum zwischen zwei Finsternissen nicht ganzen Tagen entspricht.

Zweifellos hat die Vorhersagbarkeit von Sonnenfinsternissen die Macht der Maya-Priester gestärkt, denn wenigstens im Volk galt das Himmelsschauspiel als Zeichen drohenden Unheils. Eine Reihe von Hieroglyphen im Dresden-Kodex, die für Leid und Tod stehen, weisen darauf hin. Wie gut die Priesterschaft die Finsternis-Mechanismen verstand, bleibt aber fraglich. So wie bei anderen frühen Kulturen war die astronomische Wissenschaft auch in Mittelamerika eng mit dem religiösen Weltbild verbunden. Es ist daher anzunehmen, daß auch die Priesterastronomen der Maya alle entdeckten Gesetzmäßigkeiten in erster Linie dem Willen der Götter zuschrieben und ihre Ursachen kaum hinterfragten. Dennoch steht eines fest: Die dichte Vegetation und das feuchtheiße Klima haben die Himmelsbeobachtungen der Maya sicher nicht erleichtert. Daß sie trotz starker Wolkenbildung mitten im Dschungel zu sensationellen Erkenntnissen kamen und diese schriftlich der Nachwelt bewahrten, zeichnet sie aus: Viele europäische Könige derselben Epoche waren noch Analphabeten.

Die Azteken

Die Errungenschaften der Maya und ihrer kulturellen Vorläufer strahlten auf viele Völker in Mittelamerika aus. So hat sich auch bei den *Azteken*, deren Hauptstadt *Tenochtitlán* im August 1521 vor den Spaniern kapitulierte, der 52-Jahres-Zyklus durchgesetzt. Jedes Jahr trug einen klingenden Namen: die Verbindung einer Zahl von »1« bis »13« mit einem der Begriffe *Haus, Kaninchen, Rohr* oder *Feuerstein*.

Das Jahr »2 Rohr«, mit dem jeder neue Zyklus begann, galt den Azteken als Schicksalsjahr. Ihm ging ein kultisches Ritual, das »Knüpfen der Jahre«, voraus, das sie angstvoll erwarteten, denn dabei entschieden die Götter über den Fortbestand dieser Welt. Viermal hatten sie bisher die Erde erschaffen, um sie durch Jaguare, Wind, Feuer und Wasser wieder zu zerstören. Das fünfte Weltalter der »Bewegung«, in das die Zeit der Azteken fiel, sollte am Ende so eines Zyklus durch ein gewaltiges Erdbeben ausgelöscht werden. Diese Prophezeiung löste stets Panik aus, wenn die Zeitenwende bevorstand. In der letzten Stunde jedes zu Ende gehenden »Jahrhunderts« wurden landesweit alle Feuer erstickt. Konnten die Priester ein neues entzünden, war ein Aufschub der Katastrophe um mindestens 52 Jahre erwirkt. Wenn nicht, würde die Sonne nie wieder scheinen! In den Jahren 1403, 1455 und 1507 wurde die »Neufeuerzeremonie« mit apokalyptischen Ahnungen erwartet. Schwangere Frauen und Kinder verbrachten diese letzte Stunde angstvoll im Haus und verbargen ihr Gesicht hinter Masken. Dennoch wurden die Priester Tenochtitláns von Tausenden von Augenpaaren verfolgt, als sie den »Hügel der Sterne« hochstiegen. Oben sollten sie auf der Brust eines Opfergefangenen von hoher Herkunft mit einem Drillbohrer das neue Feuer entfachen: Wenn es gelang, wurde der Brustkorb des Unglücklichen aufgeschlitzt, das schlagende Herz herausgerissen und den Flammen geopfert. Wie erlöst atmete die Menschenmenge jedesmal auf, wenn die Priester mit Fackeln vom Hügel herabstürmten, um das Licht der neuen Epoche in die Tempel und Häuser zu bringen.[1]

Nach aztekischem Glauben hing die Chance auf Aufschub des Weltunterganges von der Anzahl der Menschenopfer ab. Nur frische Herzen, die dem Sonnengott *Tonatiuh* und ihrem kriegerischen Schutzgott *Huitzilopochtli* (»Kolibri des Südens«) reichlich als Nahrung dargebracht wurden, konnten das Schlimmste verhindern. Auch unheilvolle Himmelserscheinungen wie Kometen und Finsternisse setzten die blutige Opferorgie in Gang. Das beängstigende Schauspiel einer Sonnenfinsternis – bei den Maya *chibil kin* (»Biß der Sonne«) genannt – hieß bei den Azteken *tonatiuh cualo* (»Die Sonne wird verschlungen«). Beide Sprachen, Maya und das aztekische *Náhuatl*[2], bringen den Mythos zum Ausdruck, daß Jaguare oder Schlangen beim Überqueren des

[1] Vgl. Nigel Davies: Die Azteken, S. 125 ff.
[2] In Náhuatl nannten sich die Azteken Mexica (ausgesprochen: »Meschíka«).

Himmels die Sonne verschlucken. Daraus erklärt sich, daß manche Völker Mittelamerikas die Sonne zu retten versuchten, indem sie bestimmte Schlangen töteten, um sie in einem rituellen Mahl zu verspeisen. Die Azteken führten statt dessen Albinos, Zwerge und Bucklige an den Altar. Nach und nach verlangten die Götter aber immer gieriger und schon beim geringsten Anlaß nach Menschenherzen, egal wie die Opfer beschaffen waren. In Tenochtitlán nahm diese wahnhafte Vorstellung – wie die Spanier am eigenen Leib erfuhren – ungeahnte Ausmaße an.

Eine frühe Finsternis-Darstellung wurde in *Teotenango*, nahe der später gegründeten aztekischen Hauptstadt, gefunden. Da zeigt ein reliefartig behauener Stein, wie ein katzenähnliches Tier die Sonne verschlingt. In seinen Schenkel wurde ein Knochen eingraviert, der Spekulationen nährt: Das Náhuatl-Wort *meztli* bedeutet neben »Bein« oder »Knochen« auch »Mond«. Der behauene Felsen könnte daher zwei gegensätzliche Finsternis-Konzepte in sich vereinen: Zum einen der Glaube des einfachen Volkes an den mythischen Jaguar, der die Sonne verschlingt, zum anderen das umfassende Wissen der eingeweihten Priesterschaft, die vielleicht – so wie die Maya – den Tag des Schauspiels vorhersagen konnte und seine Ursache ahnte. Neben dem Tier ist das Kalenderjahr »2 Kaninchen« verzeichnet, das möglicherweise auf die totale Sonnenfinsternis vom 30. März 1131 hinweist: Sie überquerte Mexiko und war in Teotenango beinahe total.

Eine Quelle über die Frühzeit der Azteken wird in Paris aufbewahrt: Der *Kodex Azcatitlán* schildert u. a. ihren Auszug aus der aztekischen Urheimat *Aztlán* (»Azt(lan)eken«), die im Nordwesten Mexikos lag. Unter den Bildern, die ihren Aufbruch (1111) und ihre Wanderung nach Süden beschreiben, spielt ein Fabeltier mit der Sonne im Maul auf eine Finsternis an. Die verzeichneten Kalenderdaten beziehen sich auf längere Aufenthalte während der Wanderschaft und deuten mit hoher Wahrscheinlichkeit auf die Ringfinsternis vom 9. Februar 1301. Sie dauerte in Mexiko rund vier Minuten und wanderte an der Ostküste Nordamerikas nordwärts, bis hinauf zur Südspitze Grönlands.

Neben den altmexikanischen Bilderdarstellungen von Sonnenfinsternissen, die vereinzelt erhalten blieben, haben später auch spanische Autoren darüber geschrieben. Sie sammelten Beobachtungen aus der Zeit vor und nach der Eroberung, aus denen hervorgeht, daß Sonnenfinsternisse in Mexiko für große Aufregung sorgten. Auch wenn sie nur partiell waren:

»Im Jahr ›10 tecpatl‹ (1476), als die Mexika jene von Ocuilan vernichteten, wurde die Sonne verschlungen, und es blieb nur ein kleines Stück von ihr übrig. Viele Sterne erschienen (am Himmel), und es brach großes Entsetzen aus.«[1]

Das Ereignis, das angeblich in *Amecameca* – unweit von Tenochtitlán – beobachtet wurde, ist gewiß übertrieben: Die Sichtbarkeit »vieler« Sterne während einer partiellen Finsternis ist auch bei starker Bedeckung unmöglich. Außerdem liegt ein Irrtum im Jahr vor: 1476 trat in Mexiko keine Finsternis auf. Erst zwanzig Jahre später, am 8. August 1496, fand in der Region mit Sicherheit eine totale Sonnenfinsternis statt. Der Kernschatten des Mondes fegte über den Nordostpazifik, überquerte ganz Mexiko und erreichte auch noch den Norden Südamerikas. Der kurze Bericht dazu stammt aus *Tlatelolco*, einem Stadtteil Tenochtitláns:

»Im Jahr ›4 tecpatl‹ (1496) geschah es, daß die Sonne kurz nach ihrem Aufgang verschlungen wurde; die Nacht brach herein und die Sterne erschienen.«

Unter den frühen spanischen Geschichtsautoren hat sich besonders der Mönch *Fray Bernardino de Sahagún* einen Namen gemacht. Er verfaßte im 16. Jahrhundert den *Florentine-Kodex* in aztekischer Sprache und lateinischer Schrift und stellte wertvolle Berichte über Finsternisse zusammen. Da heißt es beispielsweise:

»Wenn eine Sonnenfinsternis eintritt, scheint die Sonne verfärbt, ganz so als ob sie beunruhigt oder gestört, geschüttelt oder aufgewühlt würde, und sie wird gelb. Wenn das Volk davon Kenntnis nimmt, regt es sich auf und bekommt große Angst. Die Frauen brechen in lautes Weinen aus, und die Männer schreien auf und schlagen sich mit der Hand auf den Mund... Und sie erzählten: ›Wenn die Sonne vollständig verschwindet, wird sie nie wieder scheinen; es wird ewige Dunkelheit herrschen, und die Dämonen werden herabsteigen, um uns zu fressen.‹ Dann suchen sie immer nach Männern mit hellen Haaren und hellen Gesichtern (Anm.: Albinos), um sie der Sonne zu opfern.«

Pater Sahagún erwähnt auch einen weitverbreiteten Aberglauben. Ihm zufolge waren die Menschen in Mexiko überzeugt, daß Sonnen- und Mondfinsternisse eine besondere Gefahr für ungeborene Kinder darstellten. Deshalb suchten schwangere Frauen Zuflucht unter einem Dach oder sie versteckten ein Gegenmittel in ihrer Kleidung:

»Außerdem sagten sie, daß eine schwangere Frau, die die verfinsterte Sonne oder den verfinsterten Mond ansieht, ihr Kind verunstaltet zur

[1] Alle folgenden Zitate stammen aus der Zeitschrift »Información Científica y Tecnológica«, Mexiko, Mai 1991, Band 13, Nr. 176

Welt bringen würde. Deswegen wagten Schwangere nie, bei einer Finsternis zuzusehen; und wenn es einmal nicht zu verhindern war, legte man ihr eine Klinge aus schwarzem Stein (Anm.: Obsidian) so auf die Brust, daß sie ihre Haut berührte.«

Dieser uralte Aberglaube ist in Mexiko noch lebendig. Allerdings wurde das Gegenmittel der modernen Zeit angepaßt: Indianerinnen, die ein Kind erwarten, vertrauen heute lieber auf die Zauberkraft einer Schere. Erschütternd gegen diesen harmlosen Brauch wirkt der Bericht *»El Eclipse«* des Autors *Augusto Monterrosa*. Er erzählt von der ungewöhnlichen Opferung eines Mönches durch Nachfahren der alten Maya. Offenbar war der Spanier in einen Konflikt mit ihnen geraten und verlor sein Leben während einer Sonnenfinsternis.

»Das Herz von Fray Bartolomé Arrazola vergoß heftig schlagend sein Blut über den Opferstein, der im düsteren Licht der verfinsterten Sonne noch glänzte. Indessen sagte einer der Eingeborenen langsam und unbeirrt die zahllosen Tage her, an denen Sonnen- und Mondfinsternisse (in Zukunft) stattfinden würden. Die Astronomen der Maya-Gemeinschaft hatten die Daten (ganz) ohne das wertvolle Wissen des Aristoteles vorausberechnet und in ihren Kodizes aufgezeichnet.«

Ein Beispiel, wie aufmerksam manche Sonnenfinsternis auch im aztekischen Raum beobachtet wurde, gibt der Bericht des Chronisten *Muñoz Camargo* aus der Region *Tlaxcala*. Er schrieb im Jahr 1576 die Schilderung eines Augenzeugen nieder, der sich an eine Finsternis aus der Zeit vor den Spaniern erinnert:

»...Er hatte ein feuriges Schwert gesehen, das die Sonne völlig durchbohrte; einen Stiel, der aus ihr herausragte und an ihm eine Fahne, die wie Feuer strahlte. Diese Zeichen konnten nur die totale Zerstörung und das Ende der Welt ankündigen.«

Allem Anschein nach handelt es sich bei diesem bildlichen Vergleich um die Beschreibung von eruptiven Protuberanzen. Der Chronist zeichnete den Bericht 55 Jahre nach der Eroberung Mexikos auf. Wahrscheinlich neigte der Autor deshalb dazu, diese Beobachtung nachträglich als Omen für den blutigen Untergang des aztekischen Reiches zu deuten.

Als Gegenleistung für die geraubten Goldschätze zwangen die Eroberer den Besiegten das Christentum auf. Im Zuge der Missionierungskampagne wurde das Land rücksichtslos von seinem »heidnischen« Schrifttum gesäubert. Zahlreiche Bilderhandschriften von unschätzbarem Wert gingen für immer verloren. Dennoch fuhren die Ureinwohner Mexikos eine Zeitlang gewissenhaft fort, astronomische Ereignisse nach ihrer alten Tradition aufzuzeichnen. So beschreibt auch der *Kodex Telleriano-Remensis*, der in Paris aufbewahrt wird, eine Reihe von Sonnenfinsternissen. Die bemerkenswerteste fand im Jahr »13 Rohr« (1531), also ein Jahrzehnt nach der Eroberung statt. Das entsprechende Bild zeigt die teilweise verfinsterte Sonne und Sterne am Himmel, von denen einer zu rauchen scheint: Es handelt sich um die ringförmig-totale Sonnenfinsternis vom 18. März 1531 und den Halleyschen Kometen auf seiner ersten Wiederkehr nach dem Beginn der Kolonialzeit. *Citlalin popoca*, der Náhuatl-Ausdruck für Komet, heißt wörtlich übersetzt »Rauchender Stern«. Der Schweif des Halleyschen Kometen war während der Finsternis am nördlichen Himmel zu sehen.

Bis hinein in das 17. Jahrhundert überdauerte die astronomische Tradition der Azteken, so wie auch der Aberglaube nach der spanischen Machtübernahme weiterblühte. Das Jahr 1611 entsprach nach aztekischer Zeitrechnung wieder dem Jahr »2 acatl« (2 Rohr), mit dem ein neuer 52-Jahres-Zyklus begann. Die Entzündung des Neuen Feuers mit der alten Vorstellung vom drohenden Weltuntergang verschlimmerte die Ängste der Indianer vor einer Finsternis, die für einen Freitag vorhergesagt war: Er ging als Tag des Schreckens in die Annalen Mexikos ein:

»2 acatl: In diesem Jahr wurde am Freitag, den 10. Juni 1611, dem Tag des heiligen Barnabas, um 3.00 Uhr nachmittags die Sonne verschlungen. Hier in der Stadt Tepeaca herrschte Entsetzen, als die Sterne erschienen... Während der Finsternis, als Sonne und Mond einander auslöschten, erschraken wir alle, denn unsere Großeltern hatten sie noch für Götter gehalten. Und wirklich brach in diesem Jahr ›Rohr‹ eine große Epidemie herein.«

Der in Mexiko lebende Deutsche *Heinrich Martin* hatte diese Finsternis zwar vorhergesagt, sich aber etwas verrechnet. Ängstlich erwarteten die Menschen den Beginn des Ereignisses für 11.34 Uhr – vergeblich. Als die Sonne erst Stunden später doch noch für rund sechs Minuten verschwand, traf sie der Schock um so schlimmer. Der Mönch *Fray Agustín de Vetancurt* notierte seine Erfahrungen so: »In diesem Jahr fand am 10. Juni eine totale Sonnenfinsternis statt, die den ganzen Nachmittag dauerte. Man konnte die Sterne sehen, und alle Menschen kamen in die Kirchen, um das heiligste Sakrament zu empfangen... und Erbarmen zu erlangen… Im Monat August bebte die Erde, und einige Gebäude wurden zerstört.«

Während die beiden Berichte eine Epidemie und ein Erdbeben von dieser Finsternis ableiten, sieht *Chimalpain*, ein anderer Autor aus Amecameca, das Ereignis wesentlich nüchterner. Er macht sich über den Irrtum in der Vorhersage lustig:

»...Einige Spanier sagten, daß das geäußerte Wissen der Astrologen nur Täuschung und Lüge war; vielleicht haben sie sich betrunken und dann im Rausch vorhergesagt, was geschehen würde.«

Dreißig Jahre später leitete *Fray Diego Rodríguez* den jungen Lehrstuhl für Mathematik und Astronomie an der Königlich-Päpstlichen Universität in Mexiko. Er glänzte mit einer theoretischen Abhandlung über Eklipsen und errechnete im Jahr 1641 aus seinen Finsternis-Beobachtungen die geographische Länge von Mexiko-City genauer als Alexander von Humboldt im Jahr 1803. Fray Diegos Schüler und Nachfolger auf dem Lehrstuhl, *Don Carlos de Sigüenza y Góngora*, wurde »königlicher Kosmograph in Neuspanien« und lieferte den Majestäten über die Finsternis des Jahres 1691 einen Bericht nach Madrid, aus dem erstmals die persönliche Begeisterung eines Verfassers spricht:

»...und dann kam der 23. August, an dem sich – wie die Almanache und Prognosen gewarnt hatten – die Sonne verfinsterte. Wenn Euer Gnaden nur ein wenig von Astronomie verstünden, würde ich Euch hier mit angemessenen Fachausdrücken tausend schöne und vortreffliche Dinge berichten, die ich an diesem Tag beobachtet habe. Die Finsternis war nicht nur total, sondern eine der größten, die die Welt bisher gesehen hat... Morgens kurz vor 8.45 Uhr begann für uns diese schaurige Nacht. Nichts war je erschreckender als diese Finsternis, die uns fast eine halbe Viertelstunde umgab. Und wider jedes Erwarten, im selben Augenblick, da es dunkel wurde, fielen die Vögel, die gerade noch umherflogen, vom Himmel, die Hunde heulten, Frauen und Kinder schrien auf, Indianerinnen verließen ihre Marktstände auf der Plaza, wo sie Früchte, Gemüse und andere Dinge verkauften, und rannten – Bittgebete stammelnd – zur Kathedrale ... und in die Kirchen. Das rief ... plötzlich einen solchen Lärm und Aufruhr hervor, daß es zum Schaudern war. Ich selbst fühlte mich indessen überglücklich und dankte Gott wiederholt, daß er mich sehen ließ, was an einem bestimmten Ort nur so selten passiert und worüber die Bücher kaum etwas berichten; ich blickte mit Quadrant und Fernrohr zur Sonne ... Der Himmel war mit Sternen übersät ... und am Mond beobachtete ich während der totalen Verfinsterung eine Art Atmosphäre, was andere aber bestreiten ..., und schließlich war die Luft zwischen halb neun und halb zehn so kühl und unfreundlich wie im Winter, womit sich eine alte Behauptung der Astrologen ... erfüllte.«

Mit dem brillanten Wissenschaftler *Don Antonio de León y Gama* begann eine neue Epoche in der mexikanischen Astronomie. Auf die Präzision, mit der León den Weg des Mondschattens für die Sonnen-

finsternis vom 24. Juni 1778 errechnete, ist Mexiko heute noch stolz. Im Lauf der Jahrhunderte hat sich endlich auch die Bevölkerung an das gefürchtete Schauspiel am Himmel gewöhnt. Die große »Mexiko-Finsternis« vom 11. Juli 1991 war ein eindrucksvoller Beweis: Trotz ihrer Dauer von fast sieben Minuten war von Lärm und Aufruhr nichts mehr zu hören. Nur das Gerücht kursierte, daß im ländlichen Raum die Scheren ausgegangen seien.

Eine vergoldete Sonne stand am 11. Juli 1991 im Mittelpunkt der Finsternis-Feierlichkeiten auf der Halbinsel Baja California in Mexiko.

Mythologie und Aberglaube

Seit frühester Zeit haben Sonne und Mond das religiöse Weltbild des Menschen geprägt. Und sie tun es in gewisser Weise noch immer. Der Anblick der Sonne, die kurz vor ihrem Untergang den Horizont überstrahlt, oder jener des Vollmonds, der sich nachts über die Konturen eines bewaldeten Hügels erhebt, bewegt uns. Daran mag auch die Rastlosigkeit des Raumfahrt- und Computerzeitalters nichts ändern. In allen Epochen wurden diese beschaulichen Momente von Malern und Dichtern verewigt, ja sogar musikalisch zum Ausdruck gebracht. Die beiden Himmelskörper lösen Emotionen aus und beflügeln unsere Phantasie. Grund dafür mag die instinktive Ahnung sein, daß das Leben ohne Licht dem Tod geweiht wäre. Bei allen Völkern haben die Zyklen von Sonne und Mond den Lebensrhythmus der Generationen bestimmt und jahrtausendelang eine kultische Rolle gespielt. Vielleicht hat der Volksglaube deshalb so viele Mythen zu Finsternissen hervorgebracht.

Für die meisten Völker der Welt war die verdunkelte Sonne ein unheilverkündendes Omen. Dabei spielte der Zivilisationsgrad kaum eine Rolle. Der Schrecken, den das unerwartete Erlöschen des Lichtes auslöste, traf sie wie ein Keulenschlag. Heute noch berührt es die Menschen und erzeugt ein Gefühl der Beklemmung. Um wieviel mehr mußte der ahnungslose Naturmensch auf dieses bedrohliche Schauspiel am Himmel mit Angst reagiert haben. Solange unklar war, wodurch es entstand, konnte er es nur als übernatürlichen Vorgang erklären, etwa als Ausdruck göttlichen Zorns. Die naive Logik sah Finsternisse als Versagen der Gesetze des Himmels an. Der Aberglaube folgerte daraus das Ungültigwerden der irdischen Regeln. Und das konnte auf der Erde nur böse Folgen nach sich ziehen.

Die Bandbreite möglicher Plagen, die man Sonnenfinsternissen zuschrieb, war immens. Sie konnten den Sturz eines Herrschers mit Aufruhr und Kriegen bedeuten oder Seuchen und Hungersnot bringen. Selbst gewaltige Naturkatastrophen schloß man nicht aus: Sintflutartige Überschwemmungen oder zerstörerische Erdbeben wurden oft als direkte Folge einer Sonnenfinsternis gesehen. Als schlimmste Konsequenz galt aber stets der Weltuntergang.

Über das Zustandekommen des Himmelsschauspiels ist in den Mythen der Völker eine Fülle von Vorstellungen lebendig. Dabei sind die geographischen Grenzen sehr unscharf. Möglicherweise bekommt man im selben Kulturraum gleich mehrere verschiedene Sagen zu hören, oder ein und dieselbe Geschichte wird von Völkern erzählt, die kaum einen kulturellen Kontakt haben konnten. Da kommen Drachen und andere Ungeheuer vor, die Sonne und Mond verschlingen. Geister und Dämonen, die in der Lage sind, den Gestirnen zu schaden, oder ein böser irdischer Zauberer, dessen Magie sie einfach verschwinden läßt. So eine Vorstellung taucht etwa beim griechischen Dramatiker Aristophanes auf, der diese schwarzen Künste den thessalischen Hexen zuschreibt: Sie seien fähig, den Mond zu verfinstern.

Monster und magische Kräfte

In ähnlicher Weise erzählt eine Legende aus dem christlichen *Armenien* von einem Magier, der über das Licht von Sonne und Mond gebietet. Je nach Belieben steht es ihm frei, ihren Lauf zu stören oder gar den Mond auf die Erde zu holen, was schon einmal geschehen sei.[1] Andere Mythen dieses uralten Volkes am Schwarzen Meer erzählen dagegen von Drachen, die Sonne und Mond verfolgen, um sie zu fressen. Ein wirksames Mittel dagegen waren Magie und Beschwörung.

Von den zahlreichen Finsternis-Auffassungen, die heute noch nachweisbar sind, waren die meisten schon im Volksglauben der Antike verankert. Gingen die Menschen davon aus, daß Dämonen oder Ungeheuer am Werk waren, eilten sie dem Gestirn mit Erzklang und lautem Geschrei zu Hilfe. Wie die Erfahrung gelehrt hat, konnte man so das Gestirn aus den Klauen der Bestie befreien und das Untier in die Flucht schlagen. Daß Lärm böse Geister vertreibt, ist eine alte Überzeugung, die auch in China und bei den Ureinwohnern der Neuen Welt vorherrschte. So griffen etwa die *Indianer Kolumbiens* zu ihren Waffen und Musikinstrumenten, wenn sich eine Finsternis ankündigte. Ihr Kampfgeschrei und der ohrenbetäubende Kriegslärm, den sie verursachten, sollten den Sonnen- oder Mondgott vor dem Untergang retten. Die Indios sahen aber ihr eigenes Fehlverhalten als Ursache für die bedrohliche Lage der Götter an. Deshalb versprachen sie gleichzeitig, sich in Zukunft zu bessern und sich mehr um ihre Pflichten zu kümmern. Zum Beweis ihrer ehrlichen Absicht stürzten sie noch während der Finsternis zu ihren Pflanzungen und nahmen lärmend die Feldarbeit auf.[2]

[1] Vgl. The Mythology of all Races, Band 7: Mardiros H. Ananikian: Armenian Mythology

[2] Vgl. The Mythology of all Races, Band 11: Hartley Burr Alexander: Latin-American Mythology

Auch die *nordischen Stämme* begegneten Finsternissen mit lautem Geschrei. »Die Sonne wird schwarz«, heißt es in der »Edda«, der Heldensaga aus dem 9. Jahrhundert. »Es stürzen herab die strahlenden Sterne, der Himmel zerspringt.« Die alten Verse schreiben die gefürchteten Finsternisse den wolfsgestaltigen Riesen Hati (auch Mânagarmer = »Mond-Wolf«) und Sköll zu. Sie wurden von Loki, dem Gott der Lüge und des Bösen, gezeugt: Er ist der Luzifer der nordischen Mythologie, dem es bestimmt ist, den Untergang der alten Welt und ihrer Götter, der Asen, heraufzubeschwören. Um die Katastrophe zu verhindern, fesseln die Asen Loki und seinen Komplizen, den furchtbaren Fenriswolf, mit einer List. Doch eine Seherin verkündet den Asen, daß sich das Schicksal nicht abwenden läßt: Wenn die Erde zu beben beginnt, werden die Berge in sich zusammenstürzen und von gewaltigen Fluten überschwemmt. So wie Loki wird auch der Fenriswolf seine Fesseln sprengen. Dann hebt die Götterdämmerung an, und Lokis gefräßige Brut, die Bestien Hati und Sköll, werden Mond und Sonne verschlingen.[1]

Gegen ihre Angst vor den Wölfen, die den Zusammenbruch des Kosmos auslösen könnten, wehrten sich auch die Stämme des Nordens mit Beschwörung und Zauberei. Für die Germanen scheint das durch zwei wertvolle Funde bewiesen. In den Jahren 1639 und 1734 wurden in der Nähe des dänischen Dörfchens Gallehus zwei Sakralhörner mit breiten, kunstvoll aufgesetzten Goldringen entdeckt. Sie stammen aus der nordgermanischen Frühzeit und entstanden mit hoher Wahrscheinlichkeit zu Beginn des fünften Jahrhunderts. Leider wurden sie im Jahr 1802 von einem Dieb aus der königlichen Kunstkammer in Kopenhagen entwendet und eingeschmolzen. Aber es existieren sorgfältig gearbeitete Stiche, die ihr einstiges Aussehen dokumentieren. Die Goldringe waren mit verschlüsselten Runenzeichen in urnordischer Sprache besetzt, die sinngemäß etwa bedeuten: *»Möge der Zaubertrank dieses Horns der Sippe helfen!«* Vor welchem unheilvollen Ereignis sollten die Hörner wohl schützen? Unter den reichen Ornamenten der Goldringe sind die Wölfe Hati und Sköll dargestellt. Daneben finden sich astrologische Symbole der alten Griechen. Sie deuten u. a. Planeten und Sternbilder an, die während der totalen Sonnenfinsternis am Nachmittag des 16. April 413 in Gallehus sichtbar waren. Offenbar haben die alten Germanen diese Hörner schon vor der Finsternis hergestellt, um sie als magisches Mittel gegen den drohenden Weltuntergang zu verwenden. Ihr Wissen über die Finsternis mußten sie von den Griechen haben, die den Saros-Zyklus schon kannten. Das

[1] Vgl. Herbert Mark: Deutsche Götter- und Heldensagen, Kapitel 1: Edda – Der Urbeginn der Schöpfung

klingt zwar absurd, aber damals waren die Stämme äußerst mobil: Der hellenistische Einfluß im Norden wird durch die Völkerwanderung klar. Als die Hörner entstanden, siedelten die Goten, Verwandte der Nordgermanen, in der Nähe von Byzanz. Und es ist logisch, daß sie zum Norden Europas immer noch gute Verbindungen hatten. Jedenfalls wurden die Goldhörner unter den nordischen Stämmen zum Mythos. Denn in der Edda-Dichtung, die ein halbes Jahrtausend später entstand, spielt die Heldin Gudrun noch auf sie an: Sie spricht von einem kostbar »geröteten« (=goldenen) Horn, in dem ihr ein Zaubertrank gereicht wird. Es enthält eine verschlüsselte Botschaft und genau jene charakteristischen Symbole, mit denen der germanische Goldschmied und Runenmeister einst die Gallehus-Hörner verzierte (Älteres Gudrunlied, Vers 24)[1]:

»Es waren im Horne aller Art Stäbe (= Runen)
geritzt und gerötet,
sie zu deuten vermocht' ich nicht:
der lange Heidefisch,
des Landes der Haddinger
ungeschnittene Ähre,
Eingeweide von Tieren.«

Auch nach germanischer Auffassung verhießen Finsternisse also nichts Gutes. Jederzeit konnten die Wölfe Hati und Sköll ein Chaos heraufbeschwören. Die Sonnenfinsternis von Gallehus war dazu besonders geeignet, denn sie beschloß noch dazu eine Serie von Mondfinsternissen. Vielleicht haben die alten Germanen deshalb in ihr die Verkünderin des Weltunterganges gesehen. Aber nicht nur die Welt, auch der alte nordische Mythos hat überdauert. Hati und Sköll leben weiter in geflügelten Worten. Etwa in der burgundischen Redensart »Dieu garde la lune des loups« (Gott schütze den Mond vor Wölfen) oder im deutschen Kinderreim »Um elfe kommen die Wölfe, um zwölfe bricht das Gewölbe«, der an das Zerspringen des Himmels in der »Edda« erinnert. Sogar das Märchen von Rotkäppchen ist ein Relikt des alten nordischen Glaubens. Der Wolf frißt die Wehrlose (= Sonne) auf, muß sie aber am Ende wieder hergeben, genauso wie bei einer Sonnenfinsternis.

[1] Vgl. Willy Hartner: Die Goldhörner von Gallehus, in: Bild der Wissenschaft, Heft 11, November 1972

Sonne und Mond als Personen

Ein intuitiver Fortschritt aus astronomischer Sicht ist die Erklärung von Finsternissen als Kampf oder Liebesspiel zwischen Sonne und Mond. Eine jüngere *germanische Sage*, die man in Dorfgemeinschaften der deutschen Oberpfalz noch erzählt, setzt die beiden Gestirne mit sich liebenden Personen gleich, die heirateten. Leider wurden beide enttäuscht: Kalt wie der Mond war, konnte er in der Hochzeitsnacht die Erwartungen seiner vor Leidenschaft glühenden Sonnenbraut nicht im geringsten erfüllen. Da trennten sie sich wieder und teilten die Herrschaft über Tag und Nacht auf: Weil die Sonne am nächsten Morgen früher erwachte, fiel ihr der Tag und dem Mond die Nacht zu. Seither gehen sie getrennte Wege. Allerdings fällt es den beiden gar nicht so leicht, diese Trennung zu überwinden. Dann und wann treffen sie einander für eine Weile und verursachen eine Sonnenfinsternis, bis der alte Zwist wieder ausbricht und die Sonne blutrot vor Zorn ihren Weg fortsetzt.[1]

An einen bedrohlichen Konflikt zwischen Sonne und Mond glauben auch die *Kalina in Surinam*, Südamerika. Das berichten zumindest die Teilnehmer einer französischen Expedition, die während der Sonnenfinsternis vom 30. Juni 1973 bei diesem Stamm weilten. Nach der Auffassung der Kalina sind Sonne und Mond zwar Geschwister, aber sie geraten hin und wieder mächtig in Streit und schlagen einander bewußtlos. Um die Kämpfenden zu trennen, reagierten die Indios mit höllischem Lärm und Weckrufen für den Betäubten. Nach der Finsternis beschmierten sich die Stammesmitglieder mit Lehm, was einer rituellen Reinigung mit dem Blut des verletzten Mondes gleichkommt. Erst nach einer Weile badeten alle im Fluß.[2]

Recht unbeeindruckt zeigten sich hingegen eine Reihe nordamerikanischer Indianerstämme. Die *kanadischen Bella Coola*, die als aufmerksame Himmelsbeobachter gelten, stellten sich nach einem alten Mythos den Pfad der Sonne als eine Brücke über den Himmel vor. Die Breite der Brücke war durch den nördlichsten und südlichsten Stand der Sonne bestimmt, also jene Positionen, die sie nur am Tag der Sommer- und Wintersonnenwenden erreicht. Der indianischen Überlieferung nach wandert die Sonne daher im Sommer auf der nördlichen und im Winter auf der südlichen Seite der Brücke. Nur zu den Sonnenwenden macht sie kurz Rast. Dabei wird sie stets von tanzenden

[1] Vgl. Hanns Bächtold-Stäubli (Hrsg.): Handwörterbuch des deutschen Aberglaubens, Band II, Kapitel »Finsternisse«, 1509 ff.

[2] Vgl. Patrick Menget: Soleil est mort: l'éclipse totale de soleil du 30 juin 1973

Wächtern umringt. Finsternisse waren für die Bella Coola kein Grund zur Sorge, denn sie bedeuteten bloß, daß die Sonne ihre Lampe verlegt hat.[1]

Auch jene Indianer, die sich Sonnenfinsternisse als Begegnungen von Sonne und Mond erklärten, sahen keinen Grund zur Beunruhigung. Denn – im Gegensatz zu den Germanen – stellten sie sich deren Beziehung friedlich und liebevoll vor. Bei den *Tlingit* an der Pazifikküste Nordkanadas galt der *Mond* als Ehefrau, die immer dann eine Finsternis auslöst, wenn sie bei ihrem strahlenden Gatten zu Besuch weilt. Die *Algonquin* im Südosten des Landes gingen noch weiter. Sie verstanden das Naturschauspiel als Ausdruck himmlischen Familienglücks: eine Geste von Vater Sonne, der immer dann zu scheinen aufhört, wenn er kurz sein Kind in den Arm nimmt.[2] Daß die Indianer diesen Augenblick feierten, liegt auf der Hand. Rituale und ausgiebige Tänze begleiteten die Finsternisse und sollten Vater Sonne daran erinnern, wieder zu scheinen.

Vergleichbar mit diesem Idyll ist eine romantische Vorstellung auf der *Südseeinsel Tahiti*: Sonne und Mond sind ineinander verliebt. Vielleicht wollen sie verhindern, daß sie beim Liebesakt beobachtet werden, denn immer dann geht am Himmel das Licht aus. Daß sie während ihres leidenschaftlichen Rendezvous im Dunkeln ein wenig vom Weg abkommen, ist in der Südsee kein Grund zur Sorge. Um ihn wiederzufinden, lassen sie kurz die Sterne aufleuchten.[3]

Ein gutes Stück westlich von Tahiti tauchen wir in die »Traumzeit« ein: das Erbe der *australischen Aborigines*. Keine Kultur reicht so weit zurück in die Vergangenheit. Ihre Mythen erzählen, wie der Mensch vor mehr als tausend Generationen den Himmel verstand. Wenn Frau Sonne frühmorgens in ihrem Camp erwacht, zündet sie eine Fackel an und schminkt sich mit Ocker. Dann bricht sie auf und verfärbt am Beginn ihrer Reise die Wolken, so wie bei der Abendkosmetik am Ende ihres täglichen Walkabouts. In ihr Camp im Osten kehrt sie unterirdisch zurück und überläßt in der Nacht den Himmel dem Mond. Er ist ihr Mann und mit magischen Kräften gesegnet. Wenn sie sich ihm dann und wann hingibt, sorgt *er* dafür, daß ihre Fackel vorübergehend erlischt.[4]

---

[1] Vgl. The Mythology of all Races, Band 10: Hartley Burr Alexander: North-American Mythology

[2] Vgl. The Mythology of all Races, Band 10: Hartley Burr Alexander: North American Mythology

[3] Vgl. Mark Littmann/Ken Willcox: Totality – Eclipses of the Sun, Kapitel 4: Eclipses in Mythology

[4] Vgl. Roslynn Haynes: Dreaming the Sky, in: Sky & Telescope, September 1997, S. 72–75

In der indischen Mythologie gehen Finsternisse auf einen alten Streit zwischen Göttern und Dämonen zurück.

Götter und Dämonen

Ein gefährlicher Streit, aber nicht zwischen Sonne und Mond, sondern zwischen Göttern und Dämonen, galt noch weiter westlich – im alten *Indien* – als Erklärung für Finsternisse. Seit Anbeginn der Welt drehte sich dieser Konflikt um den himmlischen Nektar Amrit, der Unsterblichkeit und ewiges Glück bringt. Schon einmal hatte sich Jayanta, der Sohn des Himmelsherrschers Indra, ein Federkleid übergeworfen, um in Gestalt eines Raben die Nektarschale vor den Dämonen zu retten. Dabei fielen vier Tropfen des kostbaren Tranks zur Erde und heiligten die Städte Allahabad, Hardwar, Nasik und Ujjain. Das Kumbh-Mela-Fest, das alle zwölf Jahre in den vier indischen Orten gefeiert wird, erinnert daran. Gewaltige Menschenmassen strömen zu diesem Anlaß herbei, denn die Teilnahme kann dem Pilger Tausende Wiedergeburten ersparen. Eines Tages verschwand der Göttertrank allerdings wieder. Der listige Dämon Rāhu wurde gerade noch beim Trinken ertappt. Erzürnt schlug der Gott Nārāyana auf den Dieb ein, daß sein Kopf in den Himmel davonflog. Aber der Bösewicht war durch den Nektar unsterblich geworden. Seither verfolgt Rāhu als körperloser Kopf Son-

Indisches Kumbh-Mela-Fest. Ein rituelles Bad im Ganges erinnert an den Sieg der Götter und stärkt die Sonne im Kampf gegen den Dämon Rāhu.

ne und Mond in der Absicht, sie zu verschlingen, während »Ketu«, sein zerrissener Rumpf, zu den Sternbildern wurde.[1] Wenn es Rāhu vorübergehend gelingt, die Sonne oder den Mond in seinem Maul verschwinden zu lassen, nehmen gläubige Hindus daher ein Bad im fließenden Wasser des Ganges. Wie beim Kumbh-Mela-Fest tauchen sie in die reinigenden Fluten des heiligen Stromes ein und murmeln Gebete, um das Gestirn im Kampf gegen den Dämon zu stärken.

Die Legende von Rāhu fand in Asien weite Verbreitung. In der *indonesischen Inselwelt*, wo einst hinduistische Könige herrschten, heißt der körperlose Schädel des Dämons heute noch »Kala Rau«. Vergleichbar mit der indischen Vorstellung versucht auch er, die Sonne zu fressen, verbrennt sich dabei aber die Zunge und spuckt sie wieder aus. Trotz der Gewißheit, daß das Licht zurückkehren wird, kommt unter den Bewohnern ländlicher Regionen in Indonesien bei Sonnenfinsternissen immer noch Angst auf. Als sich am 11. Juni 1983 der Himmel über Java verfinsterte, waren auf den Reisfeldern dumpfe Trommelschläge

[2] Vgl. Mark Littmann/Ken Willcox: Totality – Eclipses of the Sun, Kapitel 4: Eclipses in Mythology

Kala Rau, der körperlose Schädel eines Dämons, verschlingt die Sonne.

zu hören. »Gerhana Matahari«, das Verschwinden der Sonne, ist im traditionellen Volksglauben mit großen Gefahren verbunden. Ähnlich wie bei den Indianern Mexikos verstecken sich schwangere Frauen in ihren Häusern, legen ihre Hände schützend über den Bauch und stimmen Gesänge an, um ihre ungeborenen Kinder vor dem bösen Einfluß der Finsternis zu schützen. Der furchterregende Kala Rau fand sogar Eingang in die indonesische Kunst. Das traditionelle Schattentheater Wayang Kulit kennt eine Reihe von Geschichten über den Dämon. In einer Version täuscht Kala Rau sogar vor, selbst eine Gottheit zu sein, um an den himmlischen Nektar zu kommen. Der Betrug wird aber aufgedeckt und von den echten Göttern in der geschilderten Weise gerächt.[1]

Im Norden des asiatischen Kontinents, in den *sibirischen und mongolischen Steppen*, treibt Rāhu sein Unwesen unter dem Namen Alkha. Lange hatten sich die Menschen und Götter über das mangelnde Licht auf der Erde geärgert, weil das Monster unaufhörlich Sonne und Mond verschlang. Eines Tages aber schlugen die Götter den Bösewicht entzwei, so daß sich nur noch sein Oberkörper am Himmel festhalten konnte, der Rest fiel leblos zur Erde. Seither haben Finsternisse nach der Vorstellung der Steppenvölker an Schrecken verloren. Angeblich finden sie nun seltener statt und dauern nicht mehr so lang. Wenn es Alkha aber doch wieder einmal gelingt, eines der Gestirne zu verschlingen, dann kann er es nicht allzulange in seinem lädierten Körper behalten. Dennoch bitten Sonne und Mond bei diesen Attacken immer die Erdenbewohner um Hilfe, denn sie wissen, was dagegen nützt: Das Volk der *Buryat*, das östlich vom Baikalsee lebt, hebt dann zu lautem Geschrei an und schießt Pfeile und Steine in den Himmel, bis dem Ungeheuer der Appetit vergeht.[2]

Abb. S. 129: Nach buddhistischen Legenden ruft der Erleuchtete den Dämon, der die Sonne frißt, zur Mäßigung auf.

[1] Vgl. Leif J. Robinson: Gerhana Matahari Total, in: Sky & Telescope, August 1983

[2] Vgl. Mark Littmann/Ken Willcox: Totality – Eclipses of the Sun, Kapitel 4: Eclipses in Mythology

Auch *buddhistische Legenden* nennen Rāhu als den Verursacher des Himmelsschauspiels. Da heißt es aber, daß sich Sonne und Mond bei jeder Bedrohung hilfesuchend an den Erleuchteten wenden. Buddha schenkt ihnen Gehör und schreitet ein, indem er Rāhu zur Mäßigung aufruft. Die geistige Autorität des Weisen hat noch nie ihre Wirkung verfehlt: Selbst Rāhu kennt Buddhas allumfassende Macht und läßt erschrocken von seinem Opfer ab. Aus Angst davor, daß sein riesiger Kopf in sieben Teile zerspringt, zieht sich der Dämon bis auf weiteres in die Tiefen des Universums zurück.[1]

Tödliches Gift

Neben himmlischen Monstern und dem Versuch, Finsternisse als liebevolle oder streitbare Begegnung zwischen Sonne und Mond zu erklären, findet sich bei einer Reihe von Völkern die Deutung, daß die Sonne krank wird oder aus Zorn nicht mehr scheinen will. Eine alte Geschichte aus *Transylvanien* (Rumänien) macht dafür die Sündhaftigkeit der Menschen verantwortlich. Sie seien vom richtigen Weg abgekommen, weshalb sich die Sonne aus Ekel von ihnen abwendet. Ob sie damit auch gegen die nächtlichen Umtriebe des blutsaugenden Grafen Dracula protestiert hat, ist nicht gesichert. Fest steht nur, daß beide Sagen aus derselben Gegend stammen und daß die Folgen einer Sonnenfinsternis laut Sage verheerend sind: Neben Gespenstern erheben sich schwere, stinkende Nebel, und aggressive Dämpfe fallen vom Himmel. Sie vergiften das Trinkwasser und die Feldfrüchte und machen den Menschen krank.[2]

Kein Wunder, daß bei solchen Vorstellungen von Eklipsen überhaupt kein Gift vonnöten war, um Opfer zu fordern: zum Beispiel Kaiser Ludwig I., den Frommen. Der Sohn und Nachfolger Karls des Großen wurde am 5. Mai 840 Zeuge einer Finsternis mit fünf Minuten Totalität. Der Schrecken, den ihm dieses Erlebnis einjagte, soll ihn wenig später dahingerafft haben.[3] Mit dem Tod eines Herrschers wurde diese Finsternis ausnahmsweise einem alten Aberglauben gerecht und hat vielleicht sogar die Geschicke der Politik mitbestimmt. Der Machtkampf um den Thron endete nämlich drei Jahre später im Vertrag von Verdun: Ludwigs Söhne teilten das Karolingerreich in drei Gebiete auf, aus denen Deutschland, Frankreich und Italien hervorgingen.

---

[1] Vgl. The Mythology of all Races, Band 6: Arthur Berriedale Keith: Indian Mythology

[2] Vgl. Mark Littmann/Ken Willcox: Totality – Eclipses of the Sun, Kapitel 4: Eclipses in Mythology

[3] Vgl. Bryan Brewer: Eclipse, Kapitel 1: Eclipses Throughout the Ages, S. 20

Der mittelalterliche Aberglaube, daß Sonnenfinsternisse Gifte freisetzen, wurde später in ganz Europa zur fixen Idee. In Deutschland ging sogar noch im Zeitalter der Aufklärung die Angst vor dieser illusorischen Bedrohung um. So gab etwa der »churfürstliche Hofrath« am 22. Juli 1748 in Ehrenbreitstein einen Erlaß heraus, der Sicherheitsmaßnahmen für die bevorstehende Sonnenfinsternis am »nächstkünfftigen Donnerstag als dem Fest des Heiligen Jacobi« befahl. Der Erlaß bekundete die Furcht vor »besorglich viel Gifft«, das auf Feld, Pfützen und Brunnen fallen sollte. Als Gegenmaßnahme erging die Aufforderung an alle Dörfer, daß »an dem genannten Tage zu Verhüt- und Abkehrung alles Unglücks durchaus kein Vieh auf die Weide getrieben werden darf und daß alle Brunnen sorgfältig bedeckt und verwahret werden müssen«.[1]

Statt giftiger Nebel und Dämpfe war auch von schädlichen Strahlen die Rede. Da man sie als Auslöser von Seuchen ansah, war es vernünftig, bei Finsternissen nicht ins Freie zu gehen. Wer auf dem Feld überrascht wurde und keinen Unterschlupf fand, warf sich ein Fell oder eine Decke über und filterte die Atemluft durch ein Tuch. Die Wäsche wurde als infiziert angesehen, auch wenn sie draußen zum Trocknen aufgehängt war. Nahrungsmittel galten als besonders gefährlich: »Vergiftete« Feldfrüchte wurden entweder gar nicht oder erst nach einem heftigen Regen geerntet. Bauern warfen bei Finsternissen für alle Fälle Brosamen ins Feuer, um mit dieser symbolischen Geste das Brot zu entgiften. Eine fürstbischöfliche Anordnung ermahnte hingegen zu prophylaktischem Schutz: Sie empfahl das Schlucken von Pillen und zwölf Tage Fasten.[2]

Finsternis-Ängste bis in die Neuzeit

Unter den kirchlichen Würdenträgern fielen selbst Päpste dem Aberglauben anheim. Urban VIII. fürchtete im Jahr 1628, daß eine herannahende Finsternis seinen Tod ankündige. Der Mönch und Magier Tommaso Campanella sollte ihn davor bewahren und richtete ihm einen Raum als Mini-Kosmos ein, den Fackeln und Lampen erhellten. Dort sperrte sich Urban während der Finsternis ein und – überlebte, um nur fünf Jahre später Galileo Galileis Werk »Dialogo« als Ketzerei zu verbieten.

Bis in das 19. Jahrhundert blieb der Finsternis-Irrglaube in Europa erhalten. In Deutschland brach sogar im Jahr 1851 noch einmal die

[1] Rudolf Drössler: Planeten, Tierkreiszeichen, Horoskope, Kapitel: Finsternisse

[2] Vgl. Hanns Bächtold-Stäubli (Hrsg.): Handwörterbuch des deutschen Aberglaubens, Band II, Kapitel »Finsternisse«, 1509 ff.

Angst vor der Apokalypse aus: Vor der partiellen Sonnenfinsternis vom 28. Juli gerieten besonders die Münchener in Panik. Es hieß, eine Rauferei zwischen Sonne und Mond sei in Gang. Man glaubte fest an den Weltuntergang, berichtet der »Münchener Landbote« vom 2. August 1851. Die Menschen ängstigten sich vor einem Durchbruch des Wallersees und der folgenden Sintflut. Zahlreiche Münchener machten schleunigst ihr Testament.

Im Hinblick auf Finsternisse endete das Mittelalter in Europa also nicht mit der Entdeckung Amerikas (1492). Christoph Kolumbus, der Held dieser Leistung, war hingegen mit dem Naturphänomen schon bestens vertraut. Es mag stimmen, daß er als Navigator und vor allem als Vizekönig zu wünschen übrig ließ, als Visionär war er seiner Zeit jedoch um Welten voraus. Er stellte sich vorurteilsfrei jeder Herausforderung und nutzte die Gunst der Stunde; so auch auf seiner vierten Reise, als er in *Jamaika* Schiffbruch erlitt. Nach Monaten ohne Aussicht auf Rettung weigerten sich die Insulaner, den Gestrandeten weiterhin für wertlose Glasperlen Nahrung zu liefern. Der Mannschaft drohte der Hungertod, als dem sternenkundigen Admiral die rettende Idee kam. Aus seinen Navigationstafeln wußte er von der totalen Mondfinsternis, die am 29. Februar 1504 bevorstand. Vielleicht konnte er die dämonengläubigen Indios mit diesem Ereignis umstimmen. Nachts, genau zur richtigen Zeit, versammelte Kolumbus die Häuptlinge und warf ihnen ihre mangelnde Gastfreundschaft vor. Dann kündigte er an, daß Gott aus Zorn darüber den Mond verfinstern wolle. Die Indios erstarrten, als die Drohung wenig später tatsächlich eintraf, und sie versprachen, alles zu tun, damit er besänftigt würde. Also wandte sich Kolumbus ab, um – wie er sagte – Gott davon in Kenntnis zu setzen. Kurz nachdem er mit der Nachricht zurückkehrte, daß Gott ihrem Wunsch noch einmal nachkommen werde, trat der Mond wieder aus dem Kernschatten der Erde heraus. Sprachlos setzten die Indios von da an alles daran, den fremden Magier und seine Männer mit Speise und Trank zu versorgen, bis sie ein rettendes Schiff nach Europa brachte.[1] Daß die karibischen Stämme Finsternisse als Ausdruck dämonischer Kräfte verstanden, rettete Kolumbus das Leben.

Die Fülle abergläubischer Vorstellungen, die im Zusammenhang mit Sonnen- und Mondfinsternissen in den verschiedenen Kulturräumen existierten, verstehen sich in erster Linie als Deutungsversuche für das rätselhafte Schauspiel am Himmel. Mit phantasiereichen Bildern, die zu Mythen und Sagen erstarrten, geben sie Einblick in die diffusen Modelle der Völker, die das Unbegreifliche faßbarer machten. Sie hin-

[1] Vgl. Bryan Brewer: Eclipse, Kapitel 1: Eclipses Throughout the Ages, S. 20

Die Ureinwohner Jamaikas bitten Kolumbus, den verfinsterten Vollmond wieder zum Scheinen zu bringen.

terfragen, warum die Sonne ihr Antlitz verbirgt, und spekulieren mitunter über die Folgen, die sich für die Natur und den Menschen daraus ergeben. Überwiegend bieten sie aber – geprägt vom religiösen Weltbild – naive Erklärungen über den Hergang des Ereignisses an. Der Weg vom Mythos bis zum Verständnis für astronomische Zusammenhänge ist weit. Um die Kluft zu überwinden, mußte der Mensch erst erkennen, daß ein Gestirn durch ein anderes verdeckt werden kann. Daß der Mond Verursacher dieses Prinzips ist und die Mondbahn das Geschehen beeinflußt, sind weitere Meilensteine auf dem Pfad der Erkenntnis, die später auch in Mythen zum Ausdruck kamen.

So taucht zum Beispiel in der indischen Mythologie eine Weiterentwicklung des alten Finsternis-Konzeptes von Rāhu und Ketu, dem Kopf und Unterleib des entzweigeschlagenen Dämons, auf. Sie werden zu den sieben bekannten »Planeten« des Altertums – Sonne, Mond, Merkur, Venus, Mars, Jupiter und Saturn – hinzugezählt, und zwar an den Positionen des auf- und absteigenden Knotens der Mondbahn. Als zwei unsichtbare Himmelskörper können sie Finsternisse verursachen, wenn die Sonne an ihnen vorbeikommt.[1] In China fand dieser jüngere

[1] Vgl. The Mythology of all Races, Band 6: Arthur Berriedale Keith: Indian Mythology

Mythos, der den Tatsachen schon etwas näherkommt, durch den Buddhismus Eingang in die Vorstellung der Menschen. Das alte Drachen-Konzept bestand aber fort und gelangte in einem übertragenen Sinn sogar nach Europa: Die Astronomie der frühen Neuzeit, die auf der Basis der mittelalterlichen Astrologie entstand, brachte das chinesische Ungeheuer der Finsternis in einen metaphorischen Zusammenhang mit den Mondknoten. Die beiden unsichtbaren Punkte im Raum erhielten die phantasievollen Namen »Drachenkopf« und »Drachenschwanz«. Ihre Symbole in der modernen Astronomie (aufsteigender Knoten ☊, absteigender Knoten ☋) gehen wahrscheinlich auf diese Bezeichnung zurück.[1]

Das »Astronomicum Caesareum« (um 1540) diente zur Bestimmung der Mondknotenpositionen.

[1] Vgl. Bryan Brewer: Eclipse, Kapitel 2: Understanding Eclipses, S. 46

Ein Blick in die Antike

Die Autoren des klassischen Altertums haben zahlreiche Berichte über Sonnen- und Mondfinsternisse verfaßt. So stoßen wir in Griechenland wie auch in anderen antiken Kulturen des Mittelmeerraums auf die uralte Vorstellung, daß einem der beiden Gestirne durch eine fremde Macht, sei es ein Dämon oder ein Ungeheuer, Gewalt angetan wird. Mit ihr hängt die schon erwähnte weitverbreitete Sitte zusammen, der bedrohten Sonne oder dem Mond mit lautem Geschrei und Erzklang zu Hilfe zu eilen. Der Glaube, daß Sonnenfinsternisse nichts Gutes verheißen, ist in zahlreichen Schriften des Altertums belegt. Ob Griechen oder Perser, Römer, Gallier oder Mazedonier, sie alle verstanden das Schauspiel am Himmel als verderbenbringendes Zeichen. Als Beispiel sei eine Ode aus der Feder des griechischen Dichters *Pindar* (um 518–446 v. Chr.) zitiert, die vor rund 2500 Jahren entstand:

»Kündet dein Zeichen uns Krieg
Oder der Feldfrucht Verfall
Oder die Wucht eines Schneesturms, den Worte
Nimmer ermessen oder vernichtenden Aufruhr?
Soll sich die See übers Gefild hin entleeren,
Bringst du versteinernden Frost oder die Hitze des
Südwinds mit dem Ingrimm strömender Wasser?
Läßt du deine Erd' überfluten und aufs
Neue beginnen der Menschen Geschlecht?
Doch will ich nicht klagen, teil ich das Leid doch mit allen.«

Wie aus den Versen hervorgeht, ist Pindar zutiefst davon überzeugt, daß der Menschheit nach einer Finsternis unabwendbar eine Katastrophe bevorsteht. Welcher Art sie allerdings sein wird, weiß nur der Himmel, den er in seinem Gedicht schicksalsergeben befragt. Dabei verwundert es kaum, daß er in seiner spekulativen Aufzählung möglicher Plagen an oberster Stelle den Krieg anführt. Immer wieder wurden in antiken Aufzeichnungen Sonnenfinsternisse in einem Atemzug mit bewaffneten Konflikten genannt. Das bedeutet zwar nicht, daß nach jeder Sonnenfinsternis gleich ein Krieg ausbrechen mußte, aber es findet sich doch ein überraschender Zusammenhang, der aus den Schilderungen mancher Autoren hervorgeht: Dann und wann haben Finsternisse in der Antike zumindest den Ausgang eines Krieges entscheidend beeinflußt.

Noch erstaunlicher ist, daß im klassischen Altertum gerade Mondfinsternisse – trotz ihrer Beschaulichkeit – noch zu einer Zeit Angst und Entsetzen auslösten, als Sonnenfinsternisse ihren schlimmsten Schrecken schon eingebüßt hatten. Im Gegensatz zu China, wo man während der frühen Dynastien an den Verfinsterungen des Mondes kaum Interesse zeigte und sie fast so gelassen wie das Wettergeschehen hinnahm, gerieten die alten Griechen bei Mondfinsternissen völlig aus dem Häuschen. Der Grund dafür wird erst bei einer näheren Betrachtung klar: Während Sonnenfinsternisse schon vergleichsweise früh als Bedeckung der Sonne durch ein himmlisches Objekt durchschaut wurden, entzog sich das Phänomen des verdunkelten – aber weiterhin sichtbaren – Mondes noch für lange Zeit jeder Erklärung.

Nach den Aufzeichnungen des griechischen Philosophen und Historikers *Plutarch* (um 45–125 n. Chr.) stieß zwar schon der ionische Naturphilosoph *Anaxagoras* (um 500–428 v. Chr.) auf die Lösung des kniffligen Rätsels. Jedenfalls soll er der erste gewesen sein, »der von allen die klarste und kühnste Erklärung der Belichtungen und der Beschattung des Mondes in einer Schrift niederlegte...« Anaxagoras, der in Athen mit dem Staatsmann *Perikles* (um 494–429 v. Chr.) befreundet war und dessen Einfluß auch auf *Sokrates* (470–399 v. Chr.) wirkte, suchte nach einer Erklärung für die Welt und ihre Entstehung. Allem Anschein nach war seine revolutionäre Erkenntnis über das Zustandekommen von Mondfinsternissen der Zeit aber so weit voraus, daß sein Manuskript wie eine »Geheimschrift ... (nur) unter wenigen mit einiger Vorsicht und vertraulich im Umlauf war«.[1] Für die Geheimniskrämerei bestand durchaus ein Grund, denn – wie Plutarch es ausdrückt – waren die Menschen in jener Zeit noch »unduldsam gegen die Naturphilosophen und die ›Schwätzer von den höheren Dingen‹, wie man sie damals nannte, weil sie angeblich das Göttliche in unvernünftige Ursachen, nicht vorsehungsmäßige Kräfte und zwangsläufiges Geschehen auflösten«. Wie wir wissen, landete Anaxagoras für seine freie Geisteshaltung sogar im Gefängnis, aus dem ihn selbst Perikles nur mit Mühe befreien konnte. Und Sokrates, der über ganz andere Dinge philosophierte, kam durch ähnliche Intrigen zu Tode: Er mußte wegen seines angeblich schädlichen Einflusses auf die Jugend Selbstmord mit Gift begehen. Erst sein Schüler *Platon* (427–347 v. Chr.), dessen Lebensführung vielen Griechen ein Vorbild war, konnte das neue, offene Denken von der Ächtung befreien, weil er die physikalischen Gesetze auf diplomatische Weise den göttlichen unterzuordnen verstand.

[1] Plutarch: Große Griechen und Römer (Nikias, Abschnitt 23), Bibliothek der Alten Welt, hrsg. von Karl Hoenn

Das Naturschauspiel als Gleichnis

Es ist logisch, daß über die Zeiten hinweg alle Kulturen ein bedeutungsvolles Ereignis an den Beginn ihrer Zeitrechnung setzten. Im christlichen Kulturkreis wird dieses Nulldatum durch das (vermeintliche) Jahr der Geburt Jesu Christi festgelegt. Bei den Maya Mittelamerikas war es die mythische Schöpfung der Welt (3113 v. Chr.), bei den Römern die legendäre Gründung der Ewigen Stadt (753 v. Chr.), im Islam das Jahr, in dem der Prophet *Mohammed* von Mekka nach Medina floh (622 n. Chr.). Bei anderen Völkern mag es der Ausbruch oder das Ende eines Krieges oder die Krönung eines Königs gewesen sein. Auf jeden Fall neigten antike Autoren dazu, ein solches, an sich schon inhaltsschweres Ereignis noch zu überhöhen und seine Erhabenheit zu unterstreichen, indem sie es mit einem symbolträchtigen Naturereignis umrahmten. Dazu boten sich Vorgänge am Himmel an: eine ungewöhnliche Planetenkonstellation, ein Komet oder eine Sonnenfinsternis. In alten Aufzeichnungen sind solche Erwähnungen daher oft metaphorisch zu sehen, und es macht Sinn, die eine oder andere »historische« Quelle näher zu untersuchen. Auf jeden Fall ist zu Vorsicht geraten.

Die Finsternis von Ninive

So gut wie sicher steht nach Ansicht mancher Autoren das Datum einer Finsternis fest, die im Alten Testament genannt ist. Da heißt es beim Propheten Amos (8,9):

»Zur selben Zeit, spricht Gott der Herr, will ich die Sonne am Mittag untergehen und das Land am hellen Tage finster werden lassen.«

Die Sonnenfinsternis, die dem Seher *Amos* in einer Vision mitgeteilt wurde, ließe sich deshalb genau datieren, weil sie auch im »Eponym Canon«, einem assyrischen Geschichtswerk, verzeichnet sei. Im Reich der Assyrer, dem Israel einst tributpflichtig war, versahen die Schreiber jedes Jahr mit dem Namen eines hohen Beamten. Dadurch lassen sich die aufgezeichneten Ereignisse recht eindeutig unserer Zeitrechnung zuordnen. Unter dem Jahr 763 v. Chr. scheint auf den Keilschrifttafeln tatsächlich eine Sonnenfinsternis auf, die nachweislich am 15. Juni desselben Jahres stattfand. Als wichtiges Vorkommnis hat sie der pflichtbewußte Schreiber sogar unterstrichen. Der Schluß, daß der »Eponym Canon« deshalb die prophetischen Fähigkeiten des jüdischen Sehers bestätigt, ist aber nicht angebracht. Auch wenn man biblische Ereignisse gerne mit frühen Finsternis-Berichten in Zusammenhang bringen oder gar datieren will: Propheten sind in der Regel nicht wörtlich zu nehmen! Und überdies verriet Amos nicht, von welcher Finsternis in welcher Zeit Gott sprach. (siehe Kapitel »Licht und Finsternis in der Bibel«)

Die Finsternis des Romulus

»7-5-3, Rom kroch aus dem Ei«, behauptet eine alte Schulweisheit, die den Gründungstag Roms auf den 21. April 753 v. Chr. festlegen will. Das Datum geht auf *Varro*, den Bibliothekar von Gaius Iulius Caesar (100–44 v. Chr.) zurück, der darauf Wert legte, daß die Geschichte der Ewigen Stadt nicht mit einem Fragezeichen beginnt. Das Gründungsdatum Roms ist umstritten, so wie der Mann, dem man sie zuschreibt: Romulus, von dem es heißt, er wurde mit seinem Zwillingsbruder Remus von einer Wölfin gesäugt, ist wahrscheinlich eine Sage. Daß die Sage auch noch den Tag seiner Zeugung mit einer totalen Sonnenfinsternis in Zusammenhang bringt[1], ist aber kein Wunder: Die angebliche Finsternis macht den Helden etwas wahrhaftiger; sie nährt aber auch Spekulationen. Wenn wir etwa annehmen, daß Romulus und der von Varro genannte Termin authentisch sind, dann kämen selbst mit der Einschränkung, daß Romulus bei seiner verdienstvollen Tat ein junger Mann war, als Zeugungstag immer noch eine Reihe von Möglichkeiten in Frage. In älteren Schriften wird der 24. Juni 772 v. Chr. bzw. der 19. November des gleichen Jahres genannt. Beide Sonnenfinsternisse an diesen Tagen waren (auf der nördlichen Halbkugel) aber nur partiell und brachten in Rom keine nennenswerte Verdunkelung mit sich. Die angebliche Finsternis am Gründungstag Roms, die zum Beispiel der Historiker Plutarch und der Epiker *Antimachos von Teos* erwähnen, ist ebenfalls dichterischen Ursprungs. Am 21. April 753 v. Chr. fand nämlich nirgendwo in der Welt eine Sonnenfinsternis statt. Dagegen war die totale vom 26. Mai 753 v. Chr. wie auch die Ringfinsternis vom 19. November desselben Jahres in Rom mit Sicherheit unsichtbar.

Die Finsternis des Archilochos

Eine vage Vorstellung, wie das Himmelsschauspiel in der Antike auf die Gefühlswelt der Menschen wirkte, vermittelt uns erstmals der griechische Dichter Archilochos, der als frühester griechischer Lyriker gilt

[1] Vgl. Paulys Real-Encyclopädie der classischen Altertumswissenschaft, 12. Halbband, hrsg. von Georg Wissowa, Sp. 2352–2353

und um 680 v. Chr. auf der Kykladeninsel Paros geboren wurde. *Archilochos* galt schon im Altertum als herausragende Dichterpersönlichkeit und fand neben Homer große Bewunderung. Leider blieben von seinen Versen, die vielfach kriegerische Auseinandersetzungen auf dem Festland schildern, nur Fragmente erhalten. Eines dieser Bruchstücke bezieht sich jedoch mit hoher Wahrscheinlichkeit auf die totale Sonnenfinsternis, die am 6. April 648 v. Chr. u.a. auf der Insel Paros zu sehen war und deshalb als »Finsternis des Archilochos« bezeichnet wird. Das Erlebnis inspirierte den Dichter zu folgenden Zeilen:

»Nichts ist unvorstellbar,
Nichts, was man schwören kann, unmöglich,
Nichts wunderbar, seit Zeus,
Der Vater des Olymp,
Mittags den Tag zur Nacht gemacht,
Den hellen Schein der Sonne löschte
und nackte Angst die Menschen überkam.«

Die Finsternis am Halys-Fluß

Als bekannteste Sonnenfinsternis des Altertums gilt zweifellos jene, die nach Angaben des griechischen Historikers *Herodot* (um 490–420 v. Chr.) von dem aus Kleinasien stammenden Mathematiker und Naturphilosophen *Thales von Milet* (um 624–547 v. Chr.) vorausgesagt worden sein soll. In die Geschichte ging sie allerdings ein, weil sie von den damals dominanten Völkern Kleinasiens, den zerstrittenen Medern und Lydiern, als »Fingerzeig Gottes« aufgefaßt wurde: Ihre Könige ließen eine blutige Schlacht, die gerade am Fluß Halys tobte, beenden.

In seinem ersten Buch, Kapitel 73, beschreibt Herodot, daß der Mederkönig Kyaxares einer Guppe von skythischen Nomaden Asyl gewährt habe. Als Gegenleistung bildeten die Skythen den männlichen Nachwuchs der Meder im Bogenschießen aus und gingen für den König täglich zur Jagd. Als sie jedoch eines Tages ohne Beute nach Hause kamen, verlor Kyaxares die Beherrschung und beschimpfte sie. Aus Rache führten die beleidigten Skythen einen teuflischen Plan aus: Sie töteten einen ihrer medischen Schüler, bereiteten dessen Fleisch wie einen Wildbraten zu und ließen dem König davon servieren. Während Kyaxares ahnungslos tafelte und mit einer Reihe von Gästen ungewollt zum Kannibalen wurde, machten sich die Skythen heimlich davon und baten Alyattes, den König der Lydier, um Unterschlupf. Alyattes nahm die Mörder auf und verweigerte später sogar ihre Auslieferung, obwohl von den Medern mit Nachdruck verlangt. Nach Herodot kam es

Wegen der Sonnenfinsternis vom 28. Mai 585 v. Chr. wurde laut Herodot eine Schlacht zwischen Lydiern und Medern beendet.

deshalb zu einem jahrelangen Konflikt, der erst durch die Finsternis am Halys-Fluß ein Ende fand:

»Zwischen den Lydiern und Medern brach ein Krieg aus, der – mit wechselndem Erfolg – fünf Jahre dauerte. In seinem Verlauf errangen die Meder viele Siege über die Lydier und ebenso die Lydier über die Meder. Einmal gerieten sie sogar nachts aneinander. Weil das Kriegsglück jedoch keines der beiden Völker begünstigte, kam es im sechsten Jahr zu einer weiteren Schlacht. Mittendrin, als die Kämpfe gerade richtig in Gang kamen, wurde der Tag plötzlich zur Nacht. Dieses Ereignis war von Thales von Milet vorausgesagt worden. Er hatte die Jonier davor gewarnt und ihnen das genaue Jahr, in dem es stattfinden würde, genannt.«[1]

Die verfeindeten Lager ahnten von dieser bevorstehenden Sonnenfinsternis offenbar nichts, denn beide Seiten gerieten über die plötzliche Dunkelheit derart in Panik, daß sie die Kämpfe einstellten und sich um Verhandlungen bemühten. Wie Herodot weiter berichtet, nahmen zwei Vermittler, ein Zilizier und ein Babylonier, den Königen Friedensschwüre ab und sorgten dafür, daß die lydische Prinzessin Aryenis zur Festigung des jungen Vertrages mit dem Mederprinzen Astyages verheiratet wurde.

Der 28. Mai 585 v. Chr. scheint als Tag dieser Finsternis recht sicher. Aufgrund der beiden Herrschernamen und recht zuverlässiger geographischer Daten, die moderne Computerprogramme inzwischen auch über antike Finsternisse liefern, hält zumindest die Wissenschaft dieses Datum für richtig. Was die Authentiziät der beschriebenen Ereignisse angeht, gilt Herodot selbst als der größte Unsicherheitsfaktor. Der Hi-

[1] Herodot: The History, Band 1, Buch 1, Kapitel 74

storiker verfaßte seine Texte um 430 v. Chr., also rund 150 Jahre nach dem Friedensschluß am Fluß Halys. Eine nähere Betrachtung verdient daher die Frage, ob der Mathematiker Thales damals wirklich schon imstande gewesen sein kann, eine Finsternis vorherzusagen, denn er ist namentlich der erste, dem diese Fähigkeit nachgesagt wird. Sehr glaubhaft ist die Behauptung Herodots nicht, denn wie wir wissen, lebte Thales um 600 v. Chr. und stellte sich die Erde noch als eine auf dem Ozean dahintreibende Scheibe vor. Sicher hielt er auch den Mond noch für einen Himmelskörper mit eigenem Licht und kannte seine Rolle bei Sonnenfinsternissen nicht. Möglicherweise war Thales aber schon in die chaldäische Entdeckung der Saros-Zyklen eingeweiht, und vielleicht hat er sogar von der Vorläuferfinsternis aus demselben Zyklus gehört, die frühmorgens am 18. Mai 603 v. Chr. den Norden des Roten Meeres überstrich. Dann hätte er allerdings nicht nur das Jahr, sondern auch den Tag der folgenden Finsternis vorhersagen können, da diese ja 18 Jahre und 11 1/3 Tage (oder 10 1/3 Tage) später stattfinden mußte. Prognosen über den Ort der Sichtbarkeit hätte Thales mit seinem Wissensstand allerdings kaum treffen können. Denn wie sollte er ahnen, daß hintereinanderfolgende Finsternisse eines Saros-Zyklus immer um 120 Grad weiter westlich auftreten? Genausowenig konnte er wissen, daß sich ausgerechnet bei diesen beiden Finsternissen der Anfang der einen und das Ende der anderen Totalitätszone östlich von Griechenland nahe kommen würden. All diese Spekulationen erübrigen sich, wenn man Herodot ein wenig relativiert: Wahrscheinlich hat sich Thales gar nicht so konkret über diese Finsternis geäußert, sondern nur angedeutet, daß *irgendwann* eine stattfinden wird. Jedenfalls gibt es Grund zur Annahme, daß Herodot diese vage Aussage zur sensationellen Prognose aufgebauscht hat, wie die folgende Geschichte zeigt.

Die Finsternis des Xerxes

Daß die Finsternis-Angaben bei Herodot mit Vorsicht zu genießen sind, geht aus seinem Bericht über die Perser-Kriege hervor. Im Jahr 480 v. Chr. – und darin ist man sich einig – zog der Perserkönig Xerxes mit seiner Armee gegen Griechenland. Kurz vor dem Abmarsch in Sardes soll – laut Herodot – ebenfalls eine Sonnenfinsternis stattgefunden haben, über die er folgendes sagt:

»Im Augenblick des Aufbruches verließ die Sonne plötzlich ihren Platz am Himmel und verschwand, obwohl keine Wolken in Sicht waren und der Himmel klar und heiter erschien. So wurde der Tag zur Nacht. Als Xerxes dieses seltsame Wunder bemerkte, erschrak er und sandte sofort nach den Magiern, um sie nach der Bedeutung dieses Zeichens zu fragen. ›Gott kündigt den Griechen die Zerstörung ihrer Städte an‹, antworteten sie, ›denn die Sonne spricht für sie und der Mond für uns.‹ Auf diese Weise belehrt zeigte sich Xerxes überglücklich und setzte seinen Marsch fort.«[1]

In der Tat ließ Xerxes Athen niederbrennen, aber er sollte teuer dafür bezahlen. Seine Flotte wurde in der Seeschlacht von Salamis vernichtend geschlagen, was den Rückzug der Perser erzwang. Daß sich dieser Konflikt im Jahr 480 v. Chr. ereignete, gilt als gesichert, nur trat zu dieser Zeit in der ganzen Region keine maßgebliche Finsternis auf. Erst zwei Jahre später, am 17. Februar 478 v. Chr., hat sich dort der Himmel verdunkelt. Also hat Herodot dieses Ereignis ein klein wenig vorverlegt, um seine Geschichte mit etwas mehr Spannung zu würzen.

Die Perikles-Finsternis

Als gesichert gilt hingegen die ringförmige Sonnenfinsternis, die im ersten Jahr des Peloponnesischen Krieges stattfand. Die Stadtstaaten Athen und Sparta kämpften um die Vorherrschaft. In Athen war Perikles (um 494–429 v. Chr.) an der Macht, der darauf brannte, den Feind anzugreifen. Als er am 3. August 431 v. Chr. mit einer Flotte von 150 Schiffen in See stach, wurde er von der Finsternis überrascht. Der griechische Historiker Plutarch schildert den Vorfall:

»Aber genau in dem Moment, als die Schiffe bemannt waren und Perikles an Bord seines Dreiruderers gegangen war, setzte eine Sonnenfinsternis ein. Es wurde dunkel, und die Mannschaft brach in Panik aus, weil dieses Ereignis als besonders schlimmes Vorzeichen galt. Als Perikles sah, daß sein Steuermann vor Entsetzen nicht mehr wußte, was er tun sollte, hielt er seinen Umhang vor dessen Augen und fragte ihn, ob ihn das etwa beunruhigte oder ob er das als schreckliches Omen verstand. Als jener verneinte, fragte Perikles: ›Und was ist der Unterschied zwischen meinem Mantel und dieser Finsternis, außer daß die Finsternis von etwas Größerem verursacht wird?‹ So wird die Geschichte jedenfalls in den philosophischen Schulen erzählt.«[2]

Zweifellos geht aus dieser Episode hervor, daß zu Perikles' Zeit wenigstens die gebildeten Kreise schon das Prinzip von Sonnenfinsternissen verstanden. Auch Thukydides (um 460–399 v. Chr.), ein Sprößling der

[1] Herodot: The History, Band 2, Buch 7, Kapitel 37
[2] Plutarch: The Rise and Fall of Athens: Nine Greek Lives, S. 201–202

athenischen Aristokratie, der eigentlich Feldherr war, gibt in seiner Beschreibung dieser Finsternis einen Hinweis darauf:

»Im selben Sommer, zu Beginn eines neuen Mondmonats – übrigens die einzige Zeit, in der dies möglich erscheint –, verfinsterte sich die Sonne am Nachmittag. Nachdem sie die Form einer Sichel angenommen hatte und einige Sterne erschienen waren, kehrte sie wieder zu ihrem gewohnten Anblick zurück.«[1]

Der Bericht findet sich in der achtbändigen »Geschichte des Peloponnesischen Krieges«, mit der Thukydides eine neue, auf Politik konzentrierte Form der Geschichtsschreibung schuf. Als Feldherr *und* Historiker widmete er sich ausgiebig dem Konflikt zwischen Sparta und Athen, weil er annahm, daß dieser Krieg größer und bedeutsamer als alle früheren sei. Damit behielt er wohl recht: Der bevorstehende Sieg Spartas über Athen im Jahr 404 v. Chr. sollte einen entscheidenden Einfluß auf die weitere Entwicklung des Mittelmeerraumes haben. Bei seiner Finsternisbeschreibung geht Thukydides aber ein wenig zu weit: Sterne hat er bei dieser Ringfinsternis am 3. August 431 v. Chr. mit Sicherheit keine gesehen, denn in Athen war sie nur partiell. Die Ringzone verlief rund 1000 Kilometer weiter nordöstlich.

Die Nikias-Mondfinsternis

Daß sich auch Mondfinsternisse verhängnisvoll auf Schlachten auswirken konnten, zeigen die Berichte von Thukydides und Plutarch. Als der Peloponnesische Krieg schon fast zwei Jahrzehnte lang tobte, sandte Athen Flottenverbände nach Sizilien mit dem Ziel, Syrakus zu erobern. Die berühmte Stadt wurde im Jahr 734 v. Chr. als griechische Kolonie gegründet und inzwischen von einem Tyrannen regiert. Im Zuge der Kämpfe erlitten die Athener schwere Verluste. Als auch noch Krankheiten ausbrachen und die Syrakuser Verstärkung erhielten, entschloß sich Nikias (um 469–413 v. Chr.), der Kommandant der Athener, schweren Herzens zur Flucht. Wie aus Plutarchs Aufzeichnungen hervorgeht, wurde dieses Vorhaben aber durch die Mondfinsternis vom 27. August 413 v. Chr. vereitelt. Zu sehr erschraken die Griechen, als das unerklärbare Phänomen am nächtlichen Himmel erschien:

»Als schon alles (zur Flucht, Anm.) bereit war und noch keiner von den Feinden ein Auge darauf hatte, da sie nichts dergleichen erwarteten, trat nachts eine Mondfinsternis ein, ein großes Schrecknis für Nikias

[1] Thukydides: History of the Peloponnesian War, Buch 2, S. 28

und alle anderen, die aus Unwissenheit oder Dämonenangst sich durch solche Erscheinungen erschüttern lassen. Denn daß die Verfinsterung der Sonne um die Zeit des Neumondes durch den Mond bewirkt wird, das begriff auch die Menge schon einigermaßen; durch die Begegnung mit wem aber und auf welche Weise der Mond selbst plötzlich aus vollem Glanze heraus sein Licht verliert und verschiedenerlei Farben annimmt, das war nicht leicht zu erfassen, und sie hielten es für etwas Unnatürliches und für ein gottgesandtes Vorzeichen großen Unheils.«[1]

Wie schon eingangs erwähnt: Mit der vagen Vorstellung über das Zustandekommen von Sonnenfinsternissen konnte die geheimnisvolle Verdunkelung des Mondes nicht erklärt werden. An den Erdschatten dachten die Athener sicher noch nicht, viel eher schien ihnen die Hand eines Gottes im Spiel. So kam es, daß Nikias auf seine Astrologen und Wahrsager hörte. Ihr Vorschlag, den Folgen des unheilvollen Omens durch die Verzögerung der Abreise um »dreimal neun Tage« – also fast um eine ganze Mondphase – zu entgehen, führte erst recht zur Katastrophe: Die Athener wurden eingekesselt, ihre Flotte samt Streitmacht zerstört, und Nikias mußte sich am 8. Oktober 413 v. Chr. ergeben. Seine Hinrichtung[2] in Syrakus war der Anfang vom Ende Athens und des zähen Peloponnesischen Krieges: Neun Jahre später, im Jahr 404 v. Chr., kapitulierte Athen vor den Spartanern.

Die Finsternis des Agathokles

Aus der Zeit, als Teile Siziliens von den Griechen und andere von den Karthagern beherrscht wurden, stammt ein Finsternis-Bericht des griechischen Historikers Diodoros von Sizilien (um Christi Geburt). Wieder spielte ein bewaffneter Konflikt eine Rolle. Agathokles (360–289 v. Chr.), der Tyrann von Syrakus, wollte seine Herrschaft in Sizilien auch auf andere griechische Städte ausdehnen, weshalb diese die Karthager zu Hilfe riefen. Als karthagische Schiffe den Hafen von Syrakus schon blockierten, gelang Agathokles und seiner Flotte im letzten Moment ein Ausfall. Daß die 60 Schiffe des Tyrannen fürs erste auch der Verfolgung entgingen, verdankte er der Sonnenfinsternis vom 15. August des Jahres 310 v. Chr.:

»Am nächsten Tag gab es so eine starke Sonnenfinsternis, daß völlige Dunkelheit hereinbrach und überall die Sterne zu sehen waren; Aga-

[1] Plutarch: Große Griechen und Römer (Nikias, Abschnitt 23), Bibliothek der Alten Welt, hrsg. von Karl Hoenn

[2] Vgl. Plutarch: Große Griechen und Römer (Nikias, Abschnitt 27 ff.)

thokles' Männer glaubten fest daran, daß ihnen dieses Zeichen Unglück bringen würde und ängstigten sich noch mehr um ihre Zukunft.«[1]

Als hervorragendem Feldherrn fiel Agathokles gegen die Angst seiner Männer gleich etwas ein. Mit dem Argument, daß die Finsternis erst nach der Ausfahrt aus dem Hafen begonnen hatte, überzeugte er sie, daß das böse Omen nicht ihnen bestimmt war, sondern den karthagischen Feinden. Und damit behielt der Stratege auch recht. Die Soldaten beruhigten sich, und Agathokles führte sie zu einer Strafexpedition an die Nordküste Afrikas. Nach der Landung ließ er die Galeeren verbrennen, schlug die Karthager im offenen Feld und brachte ihre Stadt so in Bedrängnis, daß für die Bürger feststand, die Götter nur noch durch gräßliche Menschenopfer versöhnen zu können. Die karthagische Flotte vor Syrakus wurde indessen von Agathokles' Bruder Antandros zerstreut.

Die Finsternis des Hipparchos

Der griechische Geograph und Astronom Hipparchos von Nikaia (um 190–120 v. Chr.) gilt als Schöpfer der Trigonometrie (Dreiecksberechnung). Er korrigierte die alte Beschreibung des Fixsternhimmels für Athen und verwendete Präzisionsinstrumente, um einen brauchbaren Sternenkatalog mit einem Verzeichnis der markantesten Sterne zu schaffen. Hipparchos wirkte lange Zeit auf der Insel Rhodos und lenkte dort sein besonderes Interesse auf die Sonne. Im Gegensatz zu seinen Zeitgenossen, die die Entfernung Sonne – Erde nur auf wenige Hundert Kilometer einschätzten, kam Hipparchos als erster zum Schluß, daß diese Distanz um ein Vielfaches größer sein muß. Die totale Sonnenfinsternis vom 20. November 129 v. Chr. hat ihm für eine erste Abschätzung des Sonnendurchmessers gedient.[2]

Die Finsternis bei der Kreuzigung Jesu

Die Zeitangaben der Bibel über das Leben Jesu sind vage. Ungereimtheiten und Widersprüche in den neutestamentlichen Schriften erschweren die genaue Rekonstruktion. Vielleicht haben die Evangeli-

[1] Diodoros von Sizilien: Historische Bibliothek, Buch 20, 5.5
[2] Vgl. Paulys Real-Encyclopädie der classischen Altertumswissenschaft, 12. Halbband, hrsg. von Georg Wissowa, Sp. 2358

sten genaue Angaben bewußt vermieden: Denn der Glaube beginnt dort, wo das Wissen endet.

Während die Geburt Jesu bei Johannes und Markus unerwähnt bleibt, heißt es bei Matthäus (2,1) und Lukas (1,5), er sei unter der Herrschaft von König Herodes dem Großen geboren. Wenn das stimmt, muß der Beginn unserer Zeitrechnung falsch sein, denn Herodes verstarb im Jahr 4 v. Chr. Selbst der Hinweis von Lukas (3,1), daß Johannes der Täufer im 15. Herrschaftsjahr des römischen Kaisers Tiberius (28 n. Chr.) öffentlich zu wirken begann, hilft uns nicht weiter, weil wir über den Beginn und die Dauer der Mission Jesu nichts Verläßliches wissen. Einstimmig behaupten die vier Evangelisten nur, daß Jesu Kreuzigung an einem »Rüsttag« (Tag der Vorbereitung auf den Sabbat = Freitag) erfolgte, und zwar unter Pontius Pilatus, der in den Jahren 26–36 n. Chr. in Judäa römischer Statthalter war. Läßt sich nicht *daraus* der Todestag Jesu bestimmen, indem wir nach der Sonnenfinsternis suchen, von der die sogenannten Synoptiker Matthäus, Markus und Lukas berichten? Da heißt es etwa bei Matthäus:

»Und von der sechsten Stunde an kam eine Finsternis über das ganze Land bis zur neunten Stunde… Und siehe, der Vorhang im Tempel zerriß in zwei Stücke von oben bis unten. Und die Erde bebte, und die Felsen zerrissen, und die Gräber taten sich auf, und viele Leiber der entschlafenen Heiligen standen auf… und erschienen vielen.« (27,45; 27, 51–53)

Ebenso erwähnt Markus (15,33) die Finsternis zwischen der sechsten und neunten Stunde und den zerrissenen Vorhang im Tempel (15,38), nicht jedoch das Erdbeben und die spektakuläre Auferstehung der Toten. Auch Lukas schweigt sich über diese beiden Ereignisse aus, schreibt die Verfinsterung aber ausdrücklich der Sonne zu:

»Und es war schon um die sechste Stunde, und es kam eine Finsternis über das ganze Land bis zur neunten Stunde, und die Sonne verlor ihren Schein, und der Vorhang des Tempels riß mitten entzwei.« (23,44–45)

Genauso wundersam schildern die Apokryphen – die von der Kirche nicht anerkannten Schriften, die z.T. zeitgleich mit den Evangelien entstanden sein sollen – die Geschehnisse bei Jesu Tod. Nach dem Petrus-Evangelium »wurde es so finster, daß viele meinten, es sei schon Nacht, und zu Bett gingen«. (15,27)

Bei den zahlreichen Hinweisen auf all diese Vorgänge bei Jesu Tod mutet es seltsam an, daß gerade Johannes, der sich in seinem Evangelium als Lieblingsjünger Jesu bezeichnet und nach eigener Darstellung

Karfreitag auf den Philippinen.
Die Finsternis am Todestag Jesu war keine Sonnenfinsternis im astronomischen Sinn.

(Johannes 19,26–27) bei der Kreuzigung persönlich anwesend war, darüber nicht ein einziges Wort verliert. Konnte er die beängstigenden Ereignisse einfach vergessen? Wenn wir uns allein die Symbolkraft von Sonnenfinsternissen vor Augen führen, die im Alten Testament als Zeichen für Trauer und Wehklagen galten, weil sie stets Strafen und Plagen für die Kinder Israels ankündigten, dann ist es unvorstellbar, daß Johannes auf die Erwähnung dieser Finsternis einfach verzichtet. Es liegt also nahe, die Aussagen der Synoptiker genauer zu prüfen.

Die einzige Sonnenfinsternis, die unter Pontius Pilatus im Heiligen Land eine auffallende Verdunkelung verursacht haben kann, fand am 24. November 29 n. Chr. statt. Nach unseren Berechnungen war sie im heutigen Syrien total und in Jerusalem stark partiell.[1] Starb Jesus also an diesem Novembertag? Wenn wir den Verfassern der Evangelien trauen, lautet die Antwort nein, denn der 24. November 29 n. Chr. war

[1] Den Berechnungen liegen konstante Drehgeschwindigkeiten der Erde und des Mondes zugrunde. Da diese in Wirklichkeit minimalen Veränderungen unterliegen, die sich über die Jahrhunderte akkumulieren können, ist es auch vorstellbar, daß die Totalitätszone auf Jerusalem traf.

kein Freitag, sondern ein Donnerstag. Überdies merkt Johannes (19,14) auch an, daß auf den Rüsttag, an dem Jesus starb, kein gewöhnlicher Sabbat, sondern das jüdische Passah-Fest folgte: ein Ereignis, das an den Auszug der Israeliten aus Ägypten erinnert (2. Mose 12) und immer im Frühling stattfindet. Nach der christlichen Zeitrechnung verändert sich das Datum dieses Festes, nach dem jüdischen Mondkalender nicht: Es fällt immer auf den 15. Tag des Monats Nisan (März/April) und entspricht dem ersten Vollmond nach Frühlingsbeginn. Die Finsternis der Synoptiker kann also gar keine Sonnenfinsternis im astronomischen Sinn gewesen sein, denn dazu wäre ein Neumond notwendig! Es sei denn, Jesus ließ vor seinem Tod noch ein letztes Wunder geschehen, das uns Johannes aus unerklärlichen Gründen verschwieg. Wenn wir davon absehen wollen, müssen wir fragen, ob nicht auch die Synoptiker – dem Beispiel antiker Historiker folgend – ihre Berichte verzerrten, um die Menschen rascher zum Glauben zu führen. Oder muß man Finsternisse in der Bibel ganz anders sehen? (Siehe Kapitel »Licht und Finsternis in der Bibel«)

Die Finsternisse des Propheten Mohammed

Auch um das Leben Mohammeds, des Begründers der islamischen Religion, ranken sich eine Reihe von Finsternis-Geschichten. Eine davon fand angeblich im seinem Geburtsjahr – um 570 n. Chr. – statt. Wenn man annimmt, daß sie in Arabien sichtbar war, könnte es jene vom 24. November 569 n. Chr. gewesen sein. Ihre Totalitätszone wanderte über die heutigen Staaten Sudan, Äthiopien und Somalia und überquerte schließlich den Indischen Ozean bis nach Australien. Eine zweite, etwas fragliche Finsternis wird dem Todesjahr des Propheten (632 n. Chr.) zugeordnet. Da an seinem Todestag (8. Juni) aber Vollmond war, führt man die Ringfinsternis vom 27. Januar 632 n. Chr. an und bringt sie mit dem Tod eines Sohnes von Mohammed in Verbindung.[1] Die Ringzone verlief im Sudan, Südarabien und in weiten Teilen Asiens. Fast 40 Jahre später – am 7. Dezember 671 n. Chr. – soll eine weitere Ringfinsternis die Überführung der Gebeine Mohammeds von Medina nach Damaskus vereitelt haben. Das Grab wurde gerade geöffnet, als der Himmel über Arabien finster wurde. Man entschloß sich, auf das Zeichen zu achten und den Propheten in Medina ruhen zu lassen. Sein Grabmal befindet sich heute noch dort.

[1] Vgl. Internet: Bild der Wissenschaft/Redaktion/Webmaster, 1998

Licht und Finsternis in der Bibel

»Am Anfang schuf Gott Himmel und Erde. Und die Erde war wüst und leer, und es war finster auf der Tiefe; und der Geist Gottes schwebte auf dem Wasser. Und Gott sprach: Es werde Licht, und es ward Licht.« (1. Mose 1,1–3)

Jeder kennt die großartigen Verse aus der »Genesis«, Gottes Schöpfungsgeschichte im Ersten Buch Mose. Sie erzählen, wie der Herr am ersten Tag das Licht von der Finsternis schied und sah, daß es gut war. Wenigen Gläubigen ist indessen bewußt, daß Gott die Pflanzen vor der Sonne erschuf. Gräser und Bäume gingen schon am dritten Tag auf, Sonne und Mond erst am vierten:

»Und Gott machte zwei große Lichter: ein großes Licht, das den Tag regiere, und ein kleines Licht, das die Nacht regiere, dazu auch die Sterne.« (1. Mose 1,16) »Da ward aus Abend und Morgen der vierte Tag.« (1. Mose 1,19)

Das Alte Testament ignoriert die Tatsache, daß das Wachstum der Pflanzen vom Licht der Sonne abhängt. Es wäre müßig, hier auf die Spitzfindigkeiten einzugehen, mit denen Theologen versuchten, diesen Widerspruch ins reine zu bringen. Oft wurde darauf verwiesen, daß ja auch das erste Licht schon den Morgen erhellt, wenn die Sonne noch gar nicht zu sehen ist. Haarspalterei: Die Bibel hat eben ihre eigene Logik. Wesentlich ist, daß Juden – wie auch Christen und Moslems – an einen einzigen, persönlichen Schöpfergott glauben, der seit Ewigkeiten existiert und das Universum erschuf. Das ist die Basis, auf der das Alte Testament aufbaut.

Die alten Mesopotamier, die Nachbarn des »auserwählten Volkes«, kannten hingegen eine Fülle von Göttern. Sie beteten Sonne und Mond und unter den Planeten vor allem die Venus an. Um diesen sichtbaren Göttern nahe zu sein, errichteten sie gewaltige Türme (»Zikkurats«), die wahrscheinlich als Tempel und Sternwarten dienten. Sie stellten die Basis ihres astronomischen Wissens dar. Beim »auserwählten Volk« spielte die Beobachtung des Himmels anscheinend keine so große Rolle. Schließlich hatte der Bau des Turmes zu Babel, dessen Spitze »bis an den Himmel« reichen sollte (1. Mose 11,4), den Zorn Gottes schon so sehr erregt, daß er die Sprachen der Völker verwirrte. Der Prophet Jesaja sah das Gericht über Babel voraus (Jesaja 13) und schmetterte seinen Fluch gegen »die Meister des Himmelslaufs und

Der Turm von Babel diente möglicherweise als Sternwarte.

die Sterngucker... Siehe, sie sind wie Stoppeln, die das Feuer verbrennt, sie können ihr Leben nicht erretten vor der Flamme Gewalt.« (Jesaja 47,13–14)

Natürlich kommt der Sonne auch im Alten Testament eine gewisse Bedeutung zu. Sonnenauf- oder -untergänge bestimmten oft die Dauer von Kämpfen oder legten den Zeitpunkt für ein Opfer fest. Das Gestirn selbst kommt hingegen meistens in Träumen und Wundern vor. So etwa in jenem Traum, den Jakobs Sohn Joseph seinen elf Brüdern erzählt: »Siehe, die Sonne und der Mond und elf Sterne neigten sich vor mir.« (1. Mose 37,9) Das erzürnte nicht nur seine Brüder, sondern auch seinen alten Vater Jakob, genannt Israel: »Was ist das für ein Traum, den du geträumt hast? Soll ich und deine Mutter und deine Brüder... vor dir niederfallen?« empörte sich der Patriarch (1. Mose 37,10). Was dann geschah, ist bekannt. Joseph wurde von seinen Brüdern nach Ägypten verkauft und stieg dort auf wundersame Weise vom Sträfling zum Traumdeuter und Berater des Pharao auf.

Zahlreiche Wunder haben von da an den Weg der Israeliten begleitet. Man denke an Moses und die zehn Plagen über Ägypten oder an die Eroberung des Gelobten Landes, die Josua, der Nachfolger Moses', anführte. Während der Schlacht um die verbündete Stadt Gibeon bewirkte Gott auf Josuas Bitte eines der großen Wunder an der Sonne:

»Da stand die Sonne still, und der Mond blieb stehen, bis sich das Volk (Israel) an seinen Feinden gerächt hatte.« (Josua 10,13)

Fast einen Tag lang bewegte sich die Sonne hoch oben am Himmel nicht von der Stelle. Die Bibel würdigt dieses Wunder mit dem Hinweis, daß der Herr selbst diese Schlacht für Israel schlug:

»Und es war kein Tag diesem gleich, weder vorher noch danach, daß der Herr so auf die Stimme eines Menschen hörte, denn der Herr stritt für Israel.« (Josua 10,14)

Finsternis als Gleichnis

Ganz anders hörte es sich an, wenn der Herr drohte, die Menschen für ihre Sünden büßen zu lassen. Als Verkünder von »Schrecken, Angst und Schmerzen« (Jesaja 13,8) traten die alten Propheten auf den Plan, denn sie erkannten die Vorzeichen der göttlichen Strafgerichte. Zweifellos gehörten Finsternisse dazu, denn die Israeliten des Alten Testaments kannten die Ursachen dieses Naturschauspiels nicht. Jesaja sieht eine Finsternis, mit der das Gericht über Babylon anbricht:

»Denn siehe, des Herrn Tag kommt grausam, zornig, grimmig, die Erde zu verwüsten und die Sünder von ihr zu vertilgen. Denn die Sterne am Himmel und sein Orion scheinen nicht hell, die Sonne geht finster auf, und der Mond gibt keinen Schein.« (Jesaja 13,9–10)

Eine andere Art der Finsternis kündigt Hesekiel an, der seine prophetischen Worte gegen den ägyptischen Pharao richtet, weil er das Haus Israel geknechtet hat:

»Das Land will ich mit deinem Blut tränken bis zu den Bergen, und die Bäche sollen davon voll werden. Und wenn du dann ganz dahin bist, so will ich den Himmel verhüllen und seine Sterne verfinstern und die Sonne mit Wolken überziehen, und der Mond soll nicht mehr scheinen. Alle Lichter am Himmel lasse ich über dir dunkel werden und bringe eine Finsternis über dein Land, spricht Gott der Herr.« (Hesekiel 32,6–8)

Gott als Rächer Israels. Offenbar spricht Hesekiel hier von einer atmosphärischen Finsternis, die durch eine dunkle Wolkendecke oder durch Staub und Wüstensand in der Atmosphäre entstehen kann. Viel folgenschwerer ist freilich die Vision des Endzeitpropheten Joel, der den Kindern Israels eine wahre Finsternis-Katastrophe androht:

»Erzittert, alle Bewohner des Landes! Denn der Tag des Herrn kommt und ist nahe, ein finsterer Tag, ein dunkler Tag, ein wolkiger Tag, ein nebliger Tag! Gleichwie die Morgenröte sich ausbreitet über die Berge, so kommt ein großes und mächtiges Volk...« (Joel 2,1–2) Verursacher der Verdunkelung ist ein gigantischer Heuschreckenschwarm, der gefräßig über Jerusalem herfallen soll. »Sie werden sich stürzen auf die Stadt und die Mauern erstürmen, in die Häuser steigen sie ein, wie ein Dieb kommen sie durch die Fenster. Vor ihm erzittert das Land und bebt der Himmel, Sonne und Mond werden finster, und die Sterne halten ihren Schein zurück.« (Joel 2,9–10)

Wie sich zeigt, meinten die biblischen Seher gar nicht immer eine Sonnenfinsternis im astronomischen Sinn. Es hat nur den Anschein, wenn man ihre Zitate aus dem Zusammenhang reißt. Viel eher verwendeten sie den Begriff der Verfinsterung (= Entzug des Lichtes) als Gleichnis für schwere Strafen, um die Wirkkraft ihrer Drohung zu steigern. Insofern kannten die alten Propheten gewiß das Phänomen einer sogenannten *self-destroying prophecy*, also einer Vorhersage, die sich selbst zunichte macht: Eine prophezeite Katastrophe, etwa eine Hungersnot oder Strafe Gottes, tritt deshalb nicht ein, weil sie den Gewarnten einen solchen Schrecken einjagt, daß sie rechtzeitig vorsorgen oder Buße tun. So ist auch die Finsternis des Propheten Amos als Warnung zu sehen, mit der er gegen den Wucher der Reichen donnert:

»Höret dies, die ihr die Armen unterdrückt und die Elenden im Lande zugrunde richtet!« (Amos 8,4) »Sollte nicht um solcher Taten willen das Land erbeben müssen und alle Bewohner trauern? Ja, es soll sich heben wie die Wasser des Nils und sich senken wie der Strom Ägyptens. Zur selben Zeit, spricht Gott der Herr, will ich die Sonne am Mittag untergehen und das Land am hellen Tage finster werden lassen.« (Amos 8,8–9)

Sieht man das Zitat im erweiterten Kontext, dann wird klar, daß dieses angedrohte Ereignis kaum mit der »Ninive-Finsternis« vom 15. Juni 763 v. Chr. identisch sein kann (siehe S. 137). Es ist absurd, im assyrischen »Eponym Canon« nach einer zeitlich zu Amos passenden Sonnenfinsternis zu suchen, denn jeder Zusammenhang wäre widersinnig und konstruiert.

Unter Berücksichtigung dieser Erkenntnis sei hier noch einmal die Finsternis beim Kreuzestod Jesu genannt. Man könnte fast sagen: »Wie die alten Propheten einst sungen, so sangen später die jungen« – die Verfasser des Neuen Testaments: Licht und Finsternis als Metapher. Der Evangelist Johannes läßt sie schon in den ersten Zeilen seines Werkes anklingen:

»Und das Licht scheint in der Finsternis, und die Finsternis hat's nicht ergriffen.« (Johannes 1,5)

Brasilien, 3. November 1994. Das Streulicht aus der Halbschattenzone verfärbt den Horizont orangerot.

Das Licht – Jesus – wurde von den sündhaften Menschen verraten und gekreuzigt. Johannes weist am Ende seines Evangeliums noch einmal auf seine innige Beziehung zu Jesus hin, der ihm – vom Kreuz herab – seine Mutter anvertraut. Die Synoptiker führen statt dessen die Finsternis an. Dabei müssen wir uns vor Augen führen, daß die Evangelisten als Kenner des jüdischen Schrifttums mit den Texten der alten Propheten vertraut waren. Um dem Wirken Jesu aus ihrer Sicht den richtigen Stellenwert einzuräumen – immerhin war er für sie der Erlöser –, zitierten sie in den Evangelien oft, was bei den Propheten über den Messias steht. Auch paßten die alten, bedrohlichen Bilder über Sonnenfinsternisse, die sich dort ebenso finden, gut zu seinem schrecklichen Ende am Kreuz. Überdies prophezeite Jesus selbst eine Finsternis vor seiner Wiederkehr:

»Wahrlich, ich sage euch: Es wird hier nicht ein Stein auf dem anderen bleiben, der nicht zerbrochen werde.« (Matthäus 24,2) »Sogleich aber nach der Bedrängnis jener Zeit wird die Sonne sich verfinstern und der Mond seinen Schein verlieren, und die Sterne werden vom Himmel fallen, und die Kräfte der Himmel werden ins Wanken kommen. Und dann wird erscheinen das Zeichen des Menschensohns am Himmel.« (Matthäus 24,29–30)

Diese nach der Tradition der Rabbiner mit dem Jesaja-Zitat (13,9–10) angereicherte Rede des Menschensohns eröffnete den Christen eine neue Weltsicht. Der zerrissenene Tempelvorhang sollte schon bald als Zeichen der Trennung des »alten« Bundes mit Gott vom »neuen« gesehen werden. Der Tod des Messias am Kreuz erschütterte die Schöpfung nach christlicher Auffassung in ihren Grundfesten.

»In welche Weiten dieses Sterben hineingreift: Nicht nur die Erde, der ganze Kosmos wird davon berührt.« So ein katholischer Kommentar zum Opfertod Christi. Es vollziehe sich etwas, das den Jüngsten Tag schon in Ansätzen vorwegnehme. »Damit ist aber der Tod Jesu schon in das Licht dieses Geschehens gerückt: Selbst die kommende Weltkatastrophe wird nicht dem Zufall ... überlassen.« Die Sonnenfinsternis während der Kreuzigung Jesu sei – so die nicht überraschende Sicht der Theologen – »keine historisch-astronomische Notiz, sondern lediglich eine theologische Aussage«.

Finsternisse als Verkünder der Apokalypse

Zwischen der Herabsendung des Heiligen Geistes zu Pfingsten und der bevorstehenden Apokalypse werde Gott nicht mehr wesentlich in die Heilsgeschichte eingreifen, heißt es. Die Kleriker sind überzeugt, auf diese Einsicht schon in der Apostelgeschichte des Lukas zu stoßen. Wahrscheinlich haben Christen deshalb immer wieder das Ende der Welt und die ewige Seligkeit ein wenig herbeigesehnt, sich aber stets auch vor der ewigen Verdammnis gefürchtet. In prophetischen Schriften, die sich mit der bevorstehenden Apokalypse befassen, ist dieser Zwiespalt manchmal zu spüren. Aus all diesen Werken ragt eines heraus, das die geistesgeschichtliche Auseinandersetzung mit dem Weltuntergang am meisten beeinflußt hat: Die Offenbarung des heiligen Johannes von Patmos – *die* »Apokalypse« – ist wahrhaftig ein Buch mit sieben Siegeln, das jüdisch-christliche und hellenistische Mysterien in sich vereint. Darin künden Sonnenfinsternisse vom baldigen Weltuntergang.

»Und ich sah: Als es (das Lamm) das sechste Siegel auftat, da geschah ein großes Erdbeben, und die Sonne wurde finster wie ein schwarzer Sack, und der ganze Mond wurde wie Blut, und die Sterne des Himmels fielen auf die Erde, wie ein Feigenbaum seine Feigen abwirft, wenn er von starkem Wind bewegt wird.« (Offenbarung 6,12–13)

Propheten und Prognosen

Spricht man Astrologen auf das Thema Sonnenfinsternis an, setzen sie häufig eine düstere Miene auf. Ihre apokalyptischen Ahnungen wurzeln in den geistig-religiösen Denkmustern, die von Babylonien, dem Mutterland der Astrologie, über Ägypten Eingang in das Römische Reich fanden und schließlich in den Norden Europas gelangten.

Neben der Bibel nährte stets auch die Astrologie den Glauben, daß Finsternisse nichts Gutes bedeuten. Als Claudius Ptolemäus von Alexandria (um 100–160 n. Chr.) in seinem Werk »Tetrabiblos« die Vorstellungen der damaligen Astrologie zusammentrug, widmete er Finsternissen (und Kometen) ein ganzes Kapitel. Darin heißt es, daß sie Kriege und Seuchen hervorrufen.

Andere Autoren erwähnten Sonnenfinsternisse im Zusammenhang mit dem Schicksal von Herrschern, etwa Vergil (»Georgica« 1/466) und Ovid (»Metamorphosen« XV 785 f.), wenn sie die Ermordung Caesars im Jahr 44 v. Chr. thematisierten oder Einhard, der in seiner »Vita Caroli« über den Tod Karls des Großen um 814 n. Chr. schrieb. Die Textstellen sind ein Indiz für die Rolle von Finsternissen als Ausdrucksmittel der frühen politischen Astrologie. Daß bei solchen Ereignissen tatsächlich nur selten eine Finsternis stattgefunden hat, belegt die Tendenz früher Autoren, die Bedeutung irdischer Vorkommnisse durch ein kosmisches Ereignis zu überhöhen: Die Sterne sollten auf der Weltbühne mitspielen. Bis heute ist eine ähnliche astrologische Auffassung erhalten geblieben, und man versucht, aus Finsternissen das politische Schicksal von Staaten und Nationen zu deuten.[1]

Den Irrglauben, daß Finsternisse schlimme Folgen haben, vertraten insbesondere die Astrologen der frühen Neuzeit. Bis ins 19. Jahrhundert haben Pamphletschreiber mit ihren Eklipsendrohungen Angst und Schrecken verbreitet. Vor allem die katastrophengeplagten Bauern waren dafür empfänglich. Schon oft hatten Seuchen ganze Landstriche entvölkert und fremde Heere ihre Äcker verwüstet. Da sie vom Wetter abhängig waren, ließen sie sich auch einreden, daß Finsternisse als Verursacher von Unwetter und Mißernten zu fürchten seien; eine Vorstellung, mit der bereits die Astrologen Ägyptens (in der hellenistischen Epoche) die Bevölkerung eingeschüchtert hatten.

[1] Vgl. Claude Weiss: Astrologie im Weltgeschehen, in: »Astrologie Heute«, Dezember 1998

Während der Sonnen- und Mondfinsternisse von 1562 und 1563 würfeln Tod und Krieg um das Schicksal der Menschen.

Sehr uneinheitlich sind indessen die Finsternis-Konzepte der modernen Astrologie. So vermerkt der Astrologe Bruno Huber in seinem Astro-Glossarium: »Das Thema Finsternis ist ein ausgesprochen unscharfer Bereich der Astrologie, in dem man sich auf trügerischem Boden bewegt... So wird von den einen gesagt, daß eine Wirkung nur innerhalb weniger Tage vorliege – andere aber meinen, daß sich solche bis zu einem Jahr ausdehnen können. Was ja – wenn wir berücksichtigen, daß es durchschnittlich vier Finsternisse (Sonne und Mond) im Jahr gibt – bedeutet, daß wir eigentlich dauernd unter ›Finsternisbeschuß‹ sind. Außerdem wird nicht berücksichtigt, ob es sich um eine totale, eine partielle oder eine ringförmige Eklipse handelt. Und auf die Tatsache, daß immer nur ein sehr kleiner Teil der Erde betroffen ist, wird überhaupt nicht eingegangen.«[1]

Zu diesem Thema äußert sich der amerikanische Astrologe Robert Hand wie folgt: »Der Sinn der modernen Astrologie besteht darin, jene Kräfte verstehen zu lernen, die den Menschen und seine Welt durch-

[1] Bruno Huber: Astro Glossarium – Das ABC der Astrologie, Stichwort: »Finsternisse«

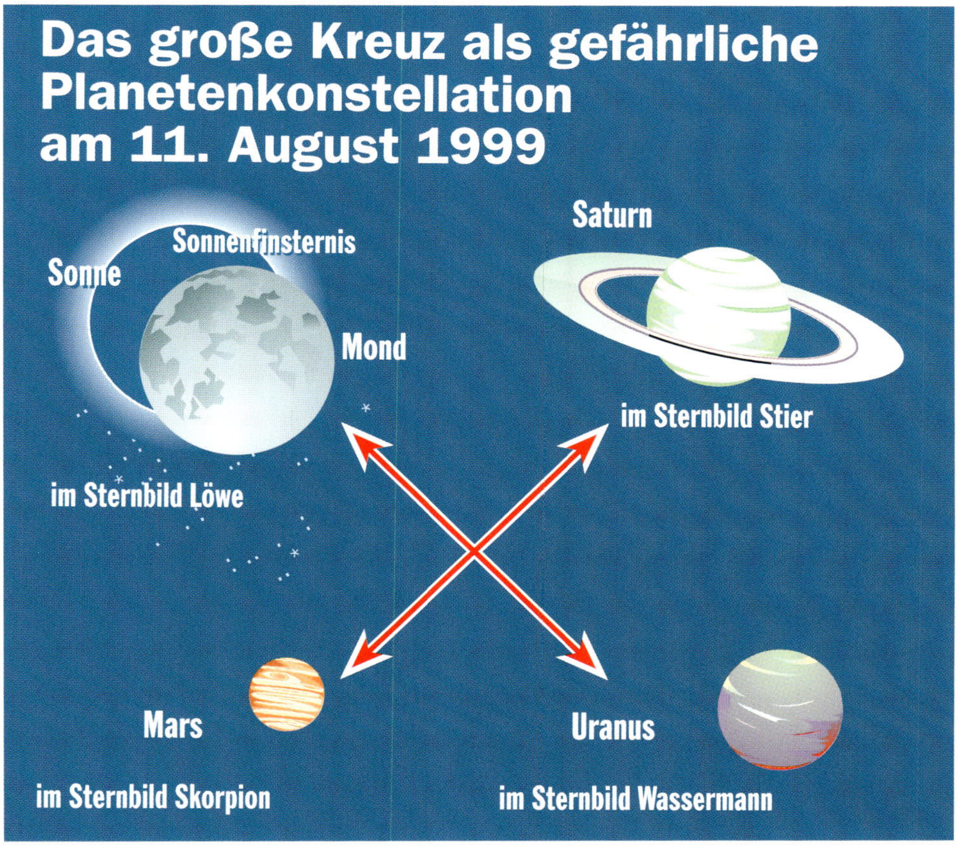

Das große Kreuz am 11. August 1999: Planeten stehen in Spannungsaspekten zueinander.

dringen, jeden einzelnen auf seine besondere Art. Aber die Bedeutung von Finsternissen für das individuelle Horoskop scheint bei Null zu liegen. Denn alle Fallschilderungen von persönlichen Horoskopen zeigen bei genauem Hinsehen, daß die von Eklipsen abgeleiteten Deutungen bei sorgfältiger Auswertung der grundlegenden Elemente (Planeten, Zeichen, Häuser und Aspekte) von diesen schon abgeleitet werden können.«[1]

Dennoch warnen die meisten Astrologen vor dem 11. August 1999. Denn zu allem Überfluß erscheint in dieser Zeit noch das seit alters berüchtigte »Kosmische Kreuz«, eine Konstellation, bei der eine Reihe von Planeten in einem starken Spannungsverhältnis stehen. Uranus, Mars, Saturn und die Sonne bilden Quadrate (90-Grad-Winkel) und Oppositionen (180-Grad-Winkel). Auch wenn vergleichbar »bedrohliche« Konstellationen in Verbindung mit Finsternissen schon unzählige Male spurlos vorübergegangen sind, knüpfen Propheten ihre düsteren Prognosen immer an solche Himmelserscheinungen und finden Gehör.

[1] Internet-Zeitung »Astro Intelligence« 1997

Rudolf Drössler: »Als zum Beispiel im Februar 1962 eine Konjunktion der sieben ›klassischen‹ Wandelsterne im Tierkreiszeichen Wassermann stattfand und sich dazu am Anfang des gleichen Monats eine totale Sonnenfinsternis ereignete (5. Februar)], sollte nach Ansicht der Astrologen Fürchterliches geschehen: der Beginn des Dritten Weltkrieges, eine Achsenverlagerung unseres Planeten, eine Sintflut, Vulkanausbrüche und Erdbeben oder der totale Untergang der Erde... In Amerika und den westeuropäischen Ländern prophezeiten Astrologen eine ›physische Verdunkelung der Erde mit der Entsprechung eines geistigen Tiefstandes oder großer Lichtlosigkeit der Menschheit‹. Ungewollt charakterisierten sie sich damit selbst. Die Konjunktion entsprach dann dem Titel der Shakespeareschen Komödie ›Viel Lärm um Nichts‹.«[1]

Nur 142 Tage trennen die Menschheit am 11. August 1999 noch vom Jahr 2000. Eine magische Jahreszahl, deren Nullen uns in einen erstaunlichen Taumel versetzen. Bricht ein neues Zeitalter an? Monumentale Uhren zählen in Leuchtschrift die Sekunden, die uns bis dahin noch bleiben. Rund um den Globus sind »Milleniumsfeste« geplant. Daß das »neue Jahrtausend« in Wirklichkeit erst ein Jahr später beginnt (am 1. Januar 2001), verdrängen wir.

Denn längst blüht das Geschäft mit der Angst. Eine totale Sonnenfinsternis am Ende des zweiten Jahrtausends? Die Endzeitpropheten stehen bereit! Lautstark verkündigen sie die Apokalypse: den Dritten Weltkrieg noch im Sommer 1999 und dann den unvermeidlichen »Endzeitimpakt«, einen Kometeneinschlag samt gräßlichen Folgen wie Erdbeben, Flutwelle, Brände, radioaktive Verseuchung. Ganz nach dem Motto »Alles aus und vorbei!«

Einer dieser Endzeitpropheten ist der Wiener Universitätsprofessor Dr. Alexander Tollmann, ein anerkannter Geologe, der 1998 gemeinsam mit seiner Frau Edith eine niederschmetternde Endzeitprognose veröffentlichte. In seinem Buch »Das Weltenjahr geht zur Neige« durchforstet er alte und jüngere Weissagungen und kommt zum Schluß: »Aufgrund der Prophezeiungen der großen Seher ... rechne ich persönlich damit, daß diese Katastrophe mit all ihren Schrecken nun auch wirklich eintritt.«[2]

Für Tollmann »decken sich die Prophezeiungen und die Kriegsvorbereitungen mit dem Zieldatum Sommer 1999 komplett«. Er rechnet mit einem »rasanten russischen Überraschungsangriff auf Mitteleuropa

---

1 Rudolf Drössler: Planeten, Tierkreiszeichen, Horoskope – Mythologie, Spekulation, Wirklichkeit

2 Alexander und Edith Tollmann: Das Weltenjahr geht zur Neige – Mythos und Wahrheit der Prophezeiungen

anfangs August 1999« und einem »bösen Erwachen für die bewußtlosen westlichen Militärs und Politiker und mehr noch für die ... arme Bevölkerung.« Zwar ist er »zu Tode unglücklich, bereits zum zweiten Mal nach dem Hitler-Wahnsinn – diesmal sogar aus dem Wohlstand und Frieden heraus und so überflüssig – die Vorbereitungen für einen noch unsagbar schrecklicheren Untergang ohnmächtig mit ansehen zu müssen.« Ein Auflehnen dagegen hält er aber für »sinnlos, da Großkatastrophen, die von Propheten geschaut wurden, nicht mehr verhinderbar sind.«

Als Grundlage für seine Untergangsutopien nennt Tollmann insbesondere die Prophezeiungen von Nostradamus (1503–1566), dem »Giganten unter den Sehern«, die angeblich eindeutige Hinweise auf den Dritten Weltkrieg und den vernichtenden Kometeneinschlag enthalten. Dabei wird wie üblich der berühmte Quatrain X/72 strapaziert, einer von insgesamt 952 vierzeiligen Versen, die Nostradamus im Jahr 1555 unter dem Titel »Centuries« herausgab:

Nach Interpretationen des Nostradamus kündigt die Sonnenfinsternis von 1999 eine Reihe von Katastrophen an.

»L' an mil neuf cens nonante neuf sept mois,
Du ciel viendra un grand roy d'effrayeur:
Resusciter le grand Roy d'Angolmois,
Avant après Mars régner par bon heur.«

»Im Jahre 1999 [und] sieben Monate [Juli]
wird ein großer König des Schreckens vom Himmel kommen,
[und] den großen König von Angolmois wiedererwecken,
davor, danach regiert Mars zu guter Stunde.«

Es ist verständlich, daß Nostradamus-Interpreten Mars übereinstimmend als Krieg deuten. In der zweiten Zeile gehen die Meinungen aber auseinander. Während Tollmann sich an die Interpretation Bernhard Bouviers anlehnt und unter dem »großen Schreckenskönig vom

Himmel« einen Kometen versteht, spricht der Nostradamus-Forscher Jean-Charles de Fontbrune in seiner Auslegung von einem »großen Schreckensherrscher aus Asien«, der vom Himmel kommt, also entweder per Invasion auf dem Luftweg oder – im übertragenen Sinn – aus China, dem ehemaligen »Kaiserreich der Himmelssöhne«.[1] Noch unklarer ist die Bedeutung des »Königs von Angolmois«. Die Spekulationen erstrecken sich von einem ominösen Mongolenkönig, wobei Angolmois als Anagramm für Mongolei stehen soll, über den Antichristen bis hin zu einem künftigen europäischen (französischen?) Endzeitregenten.

Was immer hinter den Vierzeilern der »Centuries« stecken mag – eine einzigartige surreale Phantasie oder echte prophetische Visionen: In einem Brief an König Heinrich II. von Frankreich erklärt Nostradamus unverblümt, daß er für seine Verse »dank eines natürlichen Instinktes eine poetische Ausdrucksform nach den Regeln der Dichtkunst gefunden habe«.[2] Wahrscheinlich wäre Nostradamus ohne diesen Instinkt als Ketzer auf einem Scheiterhaufen der kirchlichen Inquisition gelandet. Jedenfalls wissen wir, daß die verschlüsselte Sprache, der er sich in den »Quatrains« bediente, schon seinen Zeitgenossen kaum verständlich war. Die Schwierigkeiten, die Texte aus heutiger Sicht richtig zu übersetzen oder gar zu entschlüsseln, liegen daher auf der Hand. Dennoch freut sich Professor Tollmann über die angeblich »allmählich sich ständig mehrenden evident einwandfrei entzifferten Verse... Auch wenn es für uns dadurch zur Gewißheit geworden ist, daß wir kurz vor der zweiten Großkatastrophe der Menschheit nach der Sintflut stehen.«

Professor Dr. Helmut Swoboda, seit Jahrzehnten ein Kenner der prophetischen Szene, urteilt über die angeblich entschlüsselten Vierzeiler schon wesentlich nüchterner: »Wenn unter nahezu tausend vieldeutigen und unverständlichen Versen ein paar sind, die sich als Vorhersage späterer Ereignisse deuten lassen, dann ist das ... durchaus wahrscheinlich, ja sogar unvermeidlich.«[3]

In seinen Ausführungen stellt Swoboda auch die Frage, wie ernst sich Nostradamus selbst als Prophet genommen haben mag. Immerhin hat er seinen französischen Namen Michel de Notre-Dame aus freien Stücken durch den ähnlich klingenden lateinischen Namen Nostradamus (»Wir geben das Unsere«) ersetzt und sich dafür den Spott seiner

[1] Jean-Charles de Fontbrune: Nostradamus – Neue Vorhersagen bis 2025
[2] Jean-Charles de Fontbrune: Nostradamus – Neue Vorhersagen bis 2025
[3] Helmut Swoboda: Propheten und Prognosen – Hellseher und Schwarzseher von Delphi bis zum Club of Rome

Zeitgenossen eingehandelt. Ein gewisser Etienne Jodelet soll ihn gehänselt haben: »Nostra damus, cum falsa damus, nam fallere nostrum est« (»Wir geben das Unsere, wenn wir das Falsche geben, denn unser ist der Schwindel«).

Die meisten Menschen können über solche Endzeitprophezeiungen nur lächeln. Einige dagegen scheinen sich aber unentwegt Katastrophen zu wünschen, weil sie nicht allein untergehen wollen. Da kommt einem ein Gedanke Egon Friedells in den Sinn, der in seiner »Kulturgeschichte der Neuzeit« festhielt: »Die Welt geht nicht unter, so oft es der Mensch auch geglaubt hat, und solche Stimmungen pflegen zumeist das Gegenteil anzukündigen: einen Weltaufgang. Das Emporsteigen einer neuen Art, die Welt zu begreifen und zu sehen.«

Lassen wir uns daher die Vorfreude auf das erhabene Geschenk der Natur am 11. August 1999 nicht durch falsche Propheten vermiesen! Sie haben es seit Menschengedenken verstanden, gut von den Ängsten anderer zu leben, die sie mit unheilvollen und falschen Vorhersagen schüren. Aber Angst ist kein guter Ratgeber, sondern der Nährboden, auf dem solcher Wahnwitz gedeiht. Das wußte offenbar auch schon der Seher (und Arzt!) Nostradamus, der sich dazu ganz unverschlüsselt geäußert haben soll: »Angst ist das Tor, aus dem kommt alle Krankheit. Sie erschafft den Krieg und alles andere. Angst schafft Plagen und Illusion... Der Mensch kann nur klüger werden, wenn er die Angst verliert vor dem anderen – und vor sich selbst.«

Ein Fest für die Wissenschaft

»Das Experiment irrt nie, es irren eure Urteile.«
Leonardo da Vinci, 1452–1519

Je idealer der Beobachtungsort einer totalen Sonnenfinsternis ist, um so mehr Vertreter der Wissenschaft trifft man dort an. Die Begegnung mit Astronomen und Physikern aus aller Welt kann aufschlußreich sein und ein Finsternis-Erlebnis um viele Facetten bereichern. Die meisten Mitglieder der internationalen Forschergemeinschaft sind spontan bereit, dem Laien einen Einblick in ihre geheimnisvolle Welt zu vermitteln. Ganz besonders in den Tagen vor dem Ereignis, wenn sie ihr Equipment erproben und die Spannung allmählich steigt.

In Europa löste der britische Astronom *Francis Baily* (1774–1844) erstmals wissenschaftliches Interesse an Sonnenfinsternissen aus. Er war Mitbegründer und Präsident der Royal Astronomical Society und beobachtete am 15. Mai 1836 eine Ringfinsternis im Süden Schottlands. In einer fesselnden Schrift[1] ging er ausführlich auf die flackernden Perlen (engl. »beads«) beim Phasenübergang von Finsternissen ein. Die Mitglieder der Society waren begeistert und dankten es ihm mit dem Fachausdruck »Baily's Beads« für das Perlenschnur-Phänomen. Sechs Jahre später erfaßte die Begeisterung auch das Festland.

Zur Finsternis von 1842, die in den Morgenstunden des 8. Juli über dicht besiedelte Gebiete Europas verlief, trafen zahlreiche Astronomen in Südfrankreich und Norditalien ein. Keiner von ihnen hatte bis dato eine totale Verdunkelung der Sonne erlebt, nicht einmal Baily. Neben den Forschern wurden auch Millionen von Schaulustigen mit bemerkenswerten Protuberanzen und einer ausnehmend schönen Korona für ihre Neugier belohnt. Francis Baily bestaunte und beschrieb das Ereignis im italienischen Pavia. Seine Abhandlung[2] wurde in London genauso bekannt wie Adalbert Stifters literarisches Kleinod in Wien.

Das europäische Großereignis, vor allem sein Nachhall in Druckwerken, verhalf neuen Forschungsmethoden zum Durchbruch. Am 28. Juli 1851 traf sich die Prominenz der Astronomie in Skandinavien und

[1] Vgl. Francis Baily: On a Remarkable Phenomenon That Occurs in Total and Annular Eclipses of the Sun
[2] Vgl. Francis Baily: Some Remarks on the Total Eclipse of the Sun, on July 8th, 1842

Rußland. Dabei wurde die Korona erstmals erfolgreich fotografiert. Neun Jahre später dienten Fotos als klarer Beweis, daß Protuberanzen nicht zum Mond, sondern zur Sonne gehören. In dieser Zeit öffnete der deutsche Physiker *Gustav Kirchhoff* (1824–1887) neue Pforten auf dem Gebiet der Sonnenphysik. Er führte die typischen Linien im Spektrum des Sonnenlichts auf die chemischen Bestandteile der Sonne zurück und war überzeugt, daß sich daraus ihre Zusammensetzung ablesen läßt. Die Wissenschaftsdisziplin der »Spektralanalyse« wurde am 18. August 1868 in Indien erstmals vom französischen Forscher *Jules Janssen* (1824–1907) bei einer Sonnenfinsternis angewandt. Der britische Wissenschaftler *J. Norman Lockyer* (1836–1920) entdeckte indessen im Licht der Protuberanzen die Spektrallinie eines neuen Elements, das er – in Anlehnung an den griechischen Sonnengott – »Helium« nannte. Auf der Erde wurde dieses Gas erst 1895 entdeckt.

Der Einfluß der Sonnenflecken

Schon bald kamen Finsternis-Expeditionen in Mode. Abenteuerhungrige Forscher brachen mit schwerem Gerät in alle Welt auf, um neue Erkenntnisse über die Sonne zu sammeln. Trotz des Risikos, daß Wolken alles zunichte machen konnten, nahmen sie Strapazen und jedes Klima in Kauf. Für die Zwecke der Wissenschaft war die Sonne eben dort am besten zu sehen, wo sie gerade unsichtbar war.

Die britische Indien-Expedition anläßlich der Sonnenfinsternis vom 12. Dezember 1871.

Astronomen und Fotografen in Fatehpur Sikri, Indien, anläßlich der Sonnenfinsternis vom 24. Oktober 1995.

Durch das Studium der Sonnenkorona im Vergleich zu ihrer sichtbaren Oberfläche gewannen die Forscher allmählich eine vage Idee, wie heiß es im Zentrum der Sonne sein muß (etwa 15 Millionen Grad). Oft genug haben sie aber gerätselt, warum die Korona bei jeder Finsternis ein anderes Aussehen zeigt: bis Jules Janssen erstmals auf die Sonnenflecken hinwies. Kurz zuvor hatte nämlich der deutsche Astronom *Heinrich Schwabe* entdeckt, daß die durchschnittliche Fleckenanzahl pro Tag etwa in einem elfjährigen Zyklus schwankt: Der Rhythmus geht auf Änderungen im Sonnenmagnetfeld zurück.

Konnte das Aussehen der Korona mit diesem Zyklus zu tun haben? Janssen verglich die Formen der Korona bei zwei Finsternissen, die mehrere Jahre auseinanderlagen: 1871 war die Sonne einem Flecken-Maximum nahe und die Korona schön rund. 1878, bei einem Flecken-Minimum, strahlte sie schwächer, zeigte aber ausgeprägte Strahlen zu beiden Seiten des Sonnenäquators.

Die Beobachtungen der folgenden Jahre untermauerten Janssens Theorie. Bei Finsternissen mit wenigen Sonnenflecken zeigt sich die Korona weniger hell, aber stark strukturiert. Ihre Strahlen in Polnähe

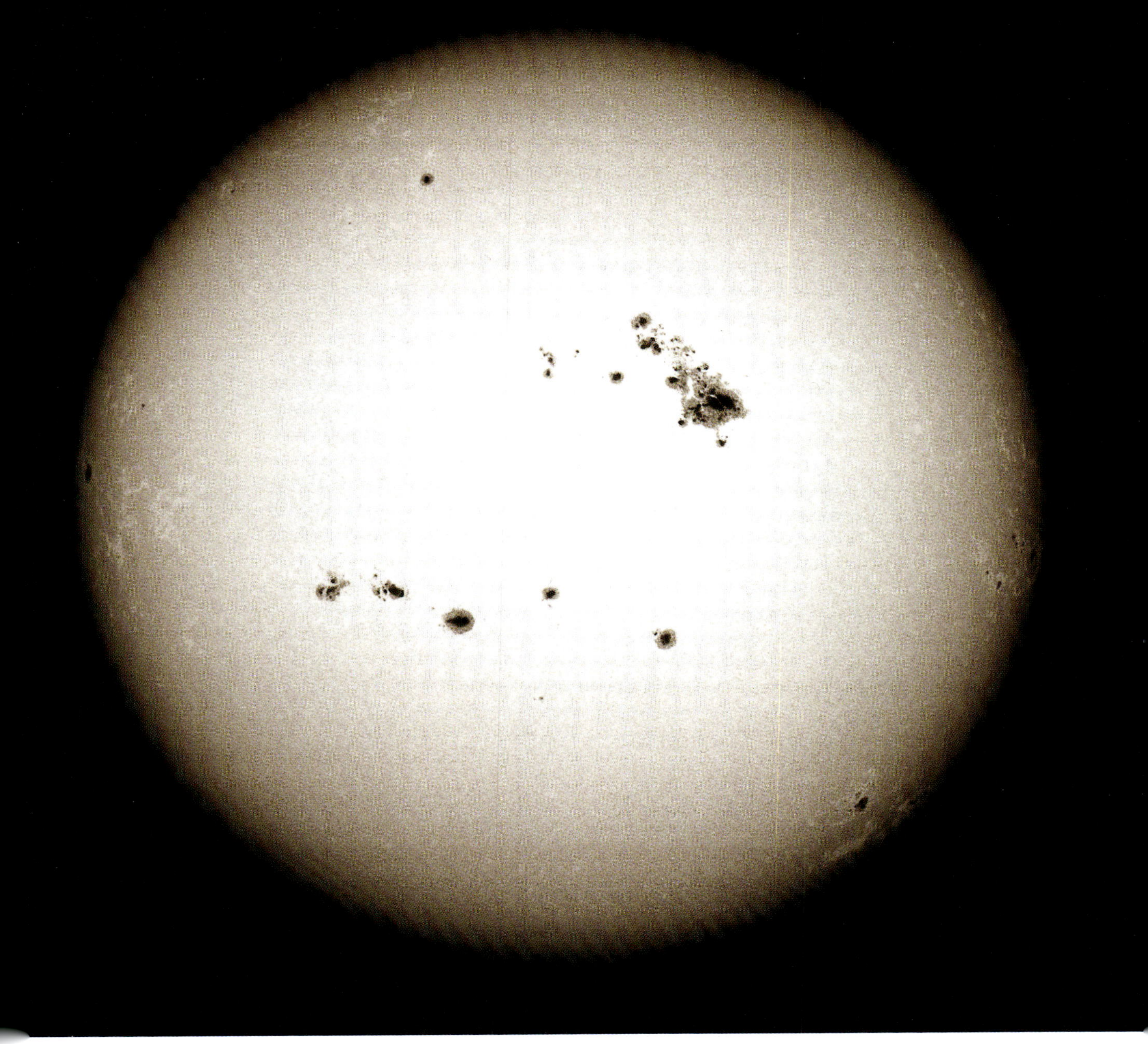

erscheinen meist kurz und gekrümmt, oder sie fehlen. In äquatorialer Richtung sind sie dagegen auffallend lang, was der Korona einen gestauchten Eindruck verleiht. Im Gegensatz dazu hat die Korona bei einem Sonnenflecken-Maximum ein recht homogenes Erscheinungsbild: Sie ist annähernd rund und strahlt intensiv. In den Jahren dazwischen liegt ihre Form in der Mitte.

Sonne mit Sonnenflecken, die sich wie die Korona in einem 11jährigen Rhythmus verändern.

Applaus für Einstein

Zeitgleich mit Janssens Entdeckung suchte die Wissenschaft fieberhaft nach einer Erklärung für die auffallende Drehung der Bahnellipse des Planeten Merkur. Man vermutete zwischen Merkur und der Sonne den noch unentdeckten Planeten »Vulkan«, dem man diese ungewöhnliche »Störung« zuschrieb. Der verdunkelte Tageshimmel bei Sonnenfinsternissen bot den Sternguckern damals die einzige Gelegenheit, nach dem ominösen Planeten in der Nähe der Sonne zu suchen. Gefunden wurde er allerdings nie, denn »Vulkan« war ein Hirngespinst – wie *Albert Einstein* (1879–1955) später zeigen sollte.

1915 lieferte das Physik-Genie mit seiner »Allgemeinen Relativitätstheorie« eine plausible Erklärung für die seltsame Drehung der Merkur-Bahn. Mehr noch: Seine »relativistische« Auffassung von der Gravitation schrieb diese Drehung geradezu zwingend vor. Die Lösung dieses Rätsels brachte Einstein eine Menge Applaus – und seiner großen Theorie Glaubwürdigkeit.

Weitere Bestätigung erhielt Einstein ein paar Jahre später, als eine andere Kernaussage bewiesen werden konnte. Sie besagte, daß Licht auf seiner Wanderung durch ein Gravitationsfeld abgelenkt werden muß, und zwar um so stärker, je mehr Masse ein Himmelskörper besitzt. Nur die Sonne ist aber groß genug, um Sternenlicht, das nah an ihr vorbeizieht, in einem meßbaren Ausmaß zu beugen. Und ob das tatsächlich geschieht, ließ sich (damals) nur bei einer totalen Sonnenfinsternis prüfen. In den Jahren 1919 und 1922 wurden daher während zweier Finsternisse in Brasilien und Australien ausgiebig die Sterne in der Umgebung der verdunkelten Sonne fotografiert. Dann verglich man diese Aufnahmen mit Bildern, die dieselbe Himmelsregion ein paar Monate später nachts zeigten, als sich die Sonne nicht in der Nähe befand. Das Ergebnis gab Einstein recht. Auf den Fotos mit der verdunkelten Sonne schienen die Sterne ein wenig versetzt.

Grafik 25: Sternenlicht, das nah an der Sonne vorbeizieht, wird durch ihr Gravitationsfeld abgelenkt. Deshalb scheinen die beiden Sterne etwas weiter voneinander entfernt als sie tatsächlich sind.

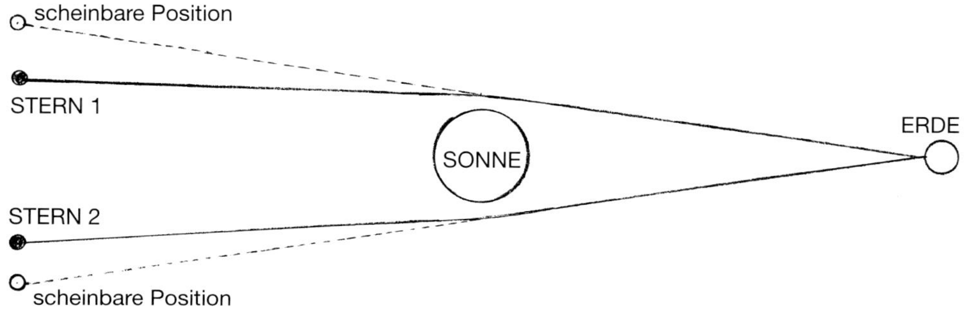

Neben der experimentellen Bestätigung dieses Aspekts der Relativitätstheorie haben Sonnenfinsternisse im frühen 20. Jahrhundert auch dazu gedient, die Funktionsweise von Sternen näher zu erforschen. Heute bedarf es dazu keiner Finsternis mehr. Selbst Protuberanzen und der innere Bereich der Korona lassen sich inzwischen mit ausgeklügelten optischen Systemen betrachten (Protuberanzenfernrohr, Koronograph). Und die Beugung des Lichts durch das Gravitationsfeld der Sonne kann man heutzutage genauer mit Radiowellen verfolgen, die wir unabhängig von Sonnenfinsternissen ständig empfangen. Dennoch können und wollen manche Wissenschaftler noch nicht (ganz) auf das Phänomen der Totalität verzichten.

Neue Erkenntnisse

Eine Gruppe von Forschern, die »International Occultation Timing Association« (IOTA), reist zu Finsternissen in aller Welt, um aus der Breite der Totalitätszonen die Schwankungen des Sonnendurchmessers zu ermitteln. Dabei verzichten diese Idealisten auf ein langes Totalitätserlebnis in der Zentrallinie. Statt dessen stellen sie sich mit zahlreichen einheimischen Helfern teamweise an der zu erwartenden nördlichen und südlichen Grenze der Totalitätszone auf: Sie positionieren sich im rechten Winkel zu ihr – in geringem Abstand zueinander – und können nach der Finsternis sehr genau sagen, wo die Grenze des Kernschattens wirklich verlief. Da wir die Größe und Entfernung des Mondes und die Sonnenentfernung sehr genau kennen, läßt sich aus der Breite der Totalitätszone mit hoher Exaktheit der Sonnendurchmesser bestimmen. Aus solchen Beobachtungen wissen wir, daß er in der Regel um 600 bis 750 Kilometer schwankt.

Andere Wissenschaftler sehen die Totalität einer Sonnenfinsternis nach wie vor als einzige Chance, ionisiertes Gas unter Bedingungen zu studieren, die auf der Erde nicht nachahmbar sind: Das Plasma der Korona ist ungeheuer heiß und dünner als jedes Vakuum, das wir in Labors herstellen können. Professor Jay Pasachoff aus Massachusetts gilt als Experte der Sonnenphysik: Er liest in der Korona wie in einem offenen Buch. Für ihn endet sie aber nicht dort, wo ihre Strahlen für das Auge zu leuchten aufhören, sondern er sieht ihre Wirkung im ganzen Sonnensystem. Die ionisierten Materieteilchen, die von der Korona in das Weltall ausströmen, erreichen als Sonnenwind auch die Erde. Dann und wann lösen sie Polarlichter oder Störungen im Funkverkehr aus oder legen die Stromversorgung einer ganzen Stadt lahm. Professor Pasachoff interessiert sich vor allem für das Verhalten der Korona im starken Magnetfeld der Sonne. Mit seiner Forschung hofft er, ein wissenschaftliches Rätsel lösen zu können, dem er schon lange auf der Spur ist: Wie kann sich die Korona weit draußen im eiskalten Weltraum auf zwei Millionen Grad erhitzen, wenn die darunterliegende Oberfläche der Sonne mit etwa 6 000 Grad über 300mal kälter ist?

Die Kunst der Prognose

Sintflut, Erdbeben, Krankheit und Tod: Auch wenn die moderne Wissenschaft trotz vereinzelter zeitlicher Parallelen[1] nie einen kausalen Zusammenhang zwischen Finsternissen und solchen Katastrophen nachweisen konnte, in den Köpfen der Menschen hat er zweifellos existiert – viele Jahrtausende lang. Es ist verständlich, daß das Voraussagen von Finsternissen von Anfang an zu den Hauptaufgaben der Astronomie zählte. Aber der Weg zu genauen Prognosen war steinig.

Erst die heliozentrische Weltsicht des Nikolaus Kopernikus (1543) und das Gravitationsgesetz *Sir Isaac Newtons* (1687) lieferten brauchbare Rechenmodelle. Bei der näheren Hinwendung zu Finsternissen zeigte sich bald ihre immense Bedeutung für die Astronomie. Im Gegensatz zu anderen Teilgebieten konnte man die errechneten Daten stets – auf der Erde! – überprüfen: So wurden Finsternisse gar zu Lehrmeistern der Astronomie, die die Kenntnisse der Himmelsmechanik vertiefen halfen! Aus dem Verlauf des Kernschattens und der Dauer der Totalität gewannen die Forscher genaue Details über die Bewegung von Erde und Mond. Die Abweichungen zwischen ihren Prognosen und den tatsächlichen Beobachtungswerten flossen zur Korrektur in die ursprünglichen Annahmen ein, was schrittweise zu immer besseren Vorhersagen führte.

Ein herausragender Eklipsen-Pionier am Ende des 17. Jahrhunderts war der britische Kometenspezialist *Edmond Halley* (1656–1742). Er rechnete im Jahr 1695 eine Reihe historisch belegter Finsternisse nach, die schon 2000 Jahre zurücklagen, und verglich seine Ergebnisse mit den Quellen. Dabei stellte er fest, daß die errechneten Schauplätze immer ein Stück weiter westlich als die beschriebenen lagen. Halley hatte großes Vertrauen in Newtons Theorie und eine Veränderung der Gravitation schloß er aus. Also folgerte er messerscharf, daß sich die Dauer der Tage verlängert haben mußte, womit er recht hatte.[2] Das er-

[1] Beispielsweise das große Erdbeben, dem am 16. September 1978 etwa 25 000 Menschen im Iran zum Opfer fielen. Nur 3 1/2 Stunden später war in derselben Region eine totale Mondfinsternis sichtbar.

[2] Vgl. Mark Littmann / Ken Willcox: Totality – Eclipses of the Sun, S. 152

Die Sonnenfinsternis vom 16. Februar 1980 am Fluß Irrawaddy in Birma während des Sonnenuntergangs kurz vor dem 4. Kontakt.

staunliche Faktum geht hauptsächlich darauf zurück, daß sich die Erde rascher als die Gezeiten-Flutberge der Ozeane dreht. Der Energieverlust, den die Erde aber durch die ständige Reibung mit dem Wasser erfährt, verlangsamt die Drehung um ihre Achse. Dadurch wächst die Dauer der Tage in einem Jahrhundert etwa um zwei Tausendstel Sekunden an.[1] Das ist nicht viel, aber der Mond erhält durch die ständige Bremsung der Erdrotation einen kontinuierlichen Impuls und rutscht ununterbrochen auf eine höhere Umlaufbahn: In einem Jahr entfernt er sich etwa um 2,3 Zentimeter von der Erde[2] und verliert dabei auch ein wenig Geschwindigkeit. Neben der Berechnung historischer Finsternis-Daten wirkt sich das vor allem in der Zukunft aus: Irgendwann wird es mit totalen Sonnenfinsternissen vorbei sein! Der Mond darf sich gerade noch 28800 Kilometer von uns entfernen. Dann wird er so klein erscheinen, daß er nur noch Ringfinsternisse hervorrufen kann. Aber keine Sorge, bis dahin bleibt Zeit: rund 1,25 Milliarden Jahre!

Für die Astronomie haben historische Finsternis-Berichte eine doppelte Bedeutung. Denn neben der von Halley entdeckten, kontinuierlichen und abschätzbaren Änderung der Bewegung von Erde und Mond

[1] Vgl. F. Richard Stephenson/David H. Clark: Ancient Astronomical Records from the Orient, in: Sky & Telescope, Februar 1977

[2] Nach Berechnungen des Astronomen Robert S. Harrington

gibt es noch andere Störungen in der Erdrotation, die zwar klein, dafür aber unregelmäßig und nicht vorhersagbar sind. Finsternis-Prognosen, die die fernere Zukunft betreffen, werden dadurch recht unzuverlässig. Mit der Vergangenheit tun wir uns leichter: Da können wir die Störungen gerade so groß annehmen, daß die Rechenergebnisse mit den historischen Angaben zusammenpassen.

1824, also rund 80 Jahre nach Halleys Tod, gelang dem preußischen Astronomen Friedrich Bessel ein wichtiger praktischer Schritt. Er führte eine Reihe von Formeln ein, die die aufwendige Positionsberechnung von Erde und Mond wesentlich einfacher machten. Die sogenannten *Bessel-Funktionen* legten den Grundstein für ein außergewöhnliches Werk: Der monumentale »Canon der Finsternisse« (1887) des Österreichers Theodor Ritter von Oppolzer listet die Details von 13200 Sonnen- und Mondfinsternissen in 34 Jahrhunderten auf (1207 v. Chr. – 2161 n. Chr.). Sie dienten einem anderen Österreicher, dem Astronomen Friedrich K. Ginzel, als Basis für ein geschichtswissenschaftliches Werk von großer Bedeutung: Der »Spezielle Kanon der Sonnen- und Mondfinsternisse« (Berlin 1899) stellt die historischen Zusammenhänge zu fast allen Finsternissen her, die zwischen 900 v. Chr. und 600 n. Chr. in der klassischen Literatur erwähnt wurden. Beide Arbeiten sind heute noch Historikern nützlich, die sich beim Datieren von Ereignissen auch an Eklipsen orientieren.

In der modernen Astronomie haben diese großartigen Werke inzwischen ausgedient, denn heutzutage werden Prognosen mit hoher Präzision von Computern erstellt: Sie berechnen den Beginn und das Ende einer Finsternis auf wenige Sekunden genau und geben die Lage der Totalitätszone auf ein bis zwei Kilometer genau an. Die Astronomen des »U.S. Naval Observatory« in Washington D.C. ermitteln unter der Leitung von Alan D. Fiala die Daten jeder Finsternis einige Jahre im voraus und veröffentlichen sie in den »Eclipse Circulars«. Als Vorhersage-Guru der NASA wurde Fred Eapenak zur Institution: Seine Finsternis-Daten und Karten kennt weltweit jeder Eklipsen-Fan.

Zur sicheren Beobachtung

Etwa eineinhalb Stunden dauert das spannungsgeladene Warten vom ersten »Biß« der Sonne bis zum großen Ereignis der Totalität. Dabei kommt man leicht in Versuchung, mit bloßem Auge »nach dem Bedeckungsgrad der Sonne zu sehen«. Vor diesem Leichtsinn möchte ich ausdrücklich warnen: Sie würden es später bereuen! Die Sonne ist für das menschliche Auge viel zu hell. Auch während der fortschreitenden partiellen Phase einer Sonnenfinsternis, wenn die Helligkeit abnimmt und sich die Gefahr anscheinend verringert. VORSICHT! Selbst bei 99 Prozent Bedeckung der Sonne strahlt das energiereiche Restlicht immer noch 10 000mal heller als der Vollmond.

Für die gefahrlose Beobachtung der partiellen Phasen einer Sonnenfinsternis ist ein Augenschutz unerläßlich.

Überdies hängt die Gefahr für die Augen nicht allein von der Helligkeit des Lichtes ab. Es sind vor allem die unsichtbaren, aber schädlichen ultravioletten und infraroten Wellenlängen, die die Netzhaut verbrennen, ohne daß man etwas spürt. Das Schlimme daran ist, daß ernsthafte Schäden praktisch irreparabel sind. Deshalb sei der Leser mit Nachdruck ermahnt:

Niemals ohne Schutz in die partiell verfinsterte Sonne schauen! Auch nicht bei extrem schmaler Sichel!

Vor der versteckten Gefahr kann man nicht oft genug warnen, denn erfahrungsgemäß herrscht nach Sonnenfinsternissen in Augenambulanzen Hochbetrieb. In einer Reihe von Fällen haben Sterngucker ihren Leichtsinn mit dem Augenlicht bezahlt.

Ganz besondere Vorsicht ist bei der Verwendung von Ferngläsern, Teleobjektiven und Teleskopen geboten, denn diese Linsensysteme bündeln das Licht und verstärken die schädliche Wirkung. Während der partiellen Phasen ist daher unbedingt auf eine geeignete Befilterung solcher Geräte zu achten!

Vorkehrungen

Einen sicheren und äußerst praktischen Schutz für die Augen bietet die *Schutzbrille*, die dem Buch beigelegt ist. Ähnliche Modelle sind in den Tagen vor einer Sonnenfinsternis in der Regel im Handel erhältlich. Sie ermöglichen ein gefahrloses Betrachten der Sonne in allen partiellen Phasen. Einen vergleichbaren Schutz bieten Schweißbrillen.

Reguläre Sonnenbrillen (auch Polaroid) und die berühmten »rußgeschwärzten Gläser« aus Großvaters Zeiten sind keineswegs geeignet, denn sie reduzieren nur die Helligkeit, schalten aber die schädliche Strahlung nicht aus. Zu besonderer Vorsicht ist auch bei der Verwendung von schwarzbelichteten Negativfilmen geraten, da sich nur ganz bestimmte Filmarten als wirksames Filtermaterial eignen!

Eklipsen-Fans wenden zur Beobachtung der partiellen Phasen ab und zu auch Projektionsmethoden an: Dabei nutzen sie den beschriebenen Lochkamera-Effekt (S. 70), mit dem man ein direktes Betrachten der Sonne umgehen kann. In der Regel genügt dazu ein steifes Blatt Papier mit einem Loch (Nadelstich). Die durchscheinenden Lichtstrahlen projizieren – auf hellen Flächen gut sichtbar – ein seitenverkehrtes Abbild der Sonnensichel.

Das projizierte Bild wird schärfer und kontrastreicher, aber auch kleiner, je näher man das Papier an die Projektionsfläche hält. Bei korrekter Anwendung und genauem Hinsehen lassen sich durchaus größere Sonnenflecken erkennen. Verstiegene Tüftler kombinieren diese archaische Methode dennoch gerne mit Linsen- und Spiegelsystemen und erreichen dadurch anschauliche Projektionsgrößen. Manche übertreiben aber und fallen mit ihren sperrigen Kisten nicht nur auf Flughäfen auf.

Der Lochkamera-Effekt: Winzige Löcher in einem Blatt Papier bilden die Sonnensichel ab.

Wie schon erwähnt sind Fotoobjektive und andere optische Systeme während der partiellen Phasen unbedingt mit Filtern zu versehen. Dazu eignen sich etwa »Mylar-Filter«, feine aluminiumbeschichtete Kunststoffolien, die ein bläuliches Bild der Sonne liefern. Vor der Verwendung sollte man sie aber unbedingt auf winzige undichte Stellen bzw. auf ihre Beschichtungsdichte überprüfen. Der notwendige Dichtegrad 5 bedeutet, daß sie nur ein Hunderttausendstel des Sonnenlichts durchlassen. Neben diesen Folien existieren auch metallbeschichtete Objektiv- und Teleskopfilter in verschiedenen Farben und Durchmessern.

Wenn der große Augenblick kommt und der letzte Sonnenstrahl am Mondrand erlischt, sind die Schutzmaßnahmen hinfällig. Der mystische Glanz der Korona, die Protuberanzen, die Sterne am verdunkelten Himmel, alle Phänomene der Totalität lassen sich mit bloßem Auge bewundern (bzw. ungefiltert durch optische Geräte). Die Korona strahlt eine Million Mal schwächer als die Photosphäre. Durch einen dichten Filter wäre sie gar nicht zu sehen. Aber VORSICHT: Der erste Lichtstrahl, der am Ende der Totalität über den Mondrand hervorlugt, ist das Signal, sich wieder zu wappnen!

Aufwendigere
Geräte projizieren
die Sonnensichel
größer und schärfer.

Fotografie und Video

Die Stimmen klingen gedämpft, nur das Klicken der Kameras ist unüberhörbar: Wenn das große Schattentheater beginnt, wird die Sonne zum gefeierten »Star«. Jedes Bild, das von ihr entsteht, ist ein Zeitdokument. Da sich die Stimmung auch mit Kompakt-Kameras einfangen läßt, hier ein Rat an »Pocket«-Fans: Schalten Sie Ihre Blitzautomatik ab! Die verdunkelte Sonne ist außer Reichweite, und jeder Blitz stört die Eindrücke anderer! Legen Sie lieber einen 400- oder 800-ASA-Film ein und drücken Sie möglichst sanft ab. Wenn Sie alle Warnsignale des Spielzeugs ignorieren, wählt es automatisch seine längste Belichtungszeit, und Sie dürfen mit Überraschungen rechnen! Allerdings wird die verdunkelte Sonne recht klein.

Um die Sonne größer und die Phänomene der Totalität besser abzubilden, sind längere Objektivbrennweiten nötig (mindestens 300–500 mm). Und dazu gehört die Kamera auf ein Stativ! Es kann sinnvoll sein, die Brennweite mit einem Telekonverter noch zu verdoppeln: Mit 1000 mm erscheint der Sonnendurchmesser auf einem Kleinbild-Dia oder Negativ 9 mm groß. (Zur Ermittlung gilt die Faustformel: Brennweite dividiert durch 110.) Das reicht für Details des Perlenschnurphänomens und des Diamantringeffekts. Um Sonne und Korona etwa formatfüllend abzubilden, sollte die Brennweite aber 1500–1800 mm nicht überschreiten (bei 35-mm-Kleinbild-Film).

Freilich lassen sich auch mit kurzen Linsen tolle Bilder gestalten. Brennweiten zwischen 100 und 200 mm zeigen beispielsweise einen Ausschnitt des Himmels rund um die Korona mit den sonnennahen Sternen und Planeten (Belichtungszeit: 1–4 Sekunden). Weitwinkelobjektive und Fisheyes eignen sich dagegen für Aufnahmen der verdunkelten Sonne mitsamt der Landschaft im mystischen Licht. Im selben Bild könnte man auch den herannahenden Kernschatten oder den Diamantring festhalten. Auch Doppelbelichtungen und andere Tricks sind zu überlegen. Für Kreative bieten Sonnenfinsternisse ein weites Experimentierfeld, aber die Kürze der Totalität macht die Arbeit nicht leicht: Oft liegen daher die Nerven blank. Damit sich die Belastung in Grenzen hält, hier ein paar hilfreiche Tips:

Rechtzeitige Standortwahl

Es empfiehlt sich, den Kamera-Standort schon früh genug festzulegen. Als Kriterien gelten: Wetterstatistik, freie Sicht auf Sonne und Horizont, fester Untergrund, Windverhältnisse (Verwackelung).

Geeignete Ausrüstung

Zwei (bis drei) Kameragehäuse und Objektive mit verschiedenen Brennweiten. Entfernung, Blende und Belichtungszeit sollten *unbedingt manuell* einstellbar sein. Des weiteren ein stabiles Stativ, Filter, Fernauslöser, Taschenlampe, Uhr etc.

Objektive vorbereiten

An allen Objektiven die Entfernung zur Sonne am besten manuell einstellen und eventuell mit Klebebändern fixieren. Alle Linsen für die partielle Phase mit Filtern versehen. Diese müssen kurz vor dem zweiten Kontakt entfernt und kurz nach dem dritten Kontakt wieder angebracht werden.

Neue Geräte rechtzeitig testen

Prüfen, ob an allen Kameras der Filmtransport klappt

Ausreichend Filmmaterial

Am besten eignen sich feinkörnige Dia- und Negativfilme (25 bis 200 ASA). Allerdings stellen Diafilme den Helligkeitsumfang der Korona besser dar! Spätestens 10–15 Minuten vor dem 2. Kontakt sollte man in alle Kameras neue Filme einlegen: Ein Filmwechsel während der Totalität oder gar beim zweiten Kontakt kann ein Chaos auslösen. Die belichteten Filme keinesfalls im Labor schneiden lassen, da Schneidemaschinen gerade bei dunkleren Aufnahmen gerne das Hauptmotiv spalten.

Frische Batterien in allen Geräten

»Drehbuch«

Eine Liste der beabsichtigten Aufnahmen schadet nicht. Aber Vorsicht: Übertriebene Pläne schüren die Hektik! Um Irrtümern vorzubeugen, sollte man sich die bevorstehenden Kontaktzeiten notieren.

»Trockentraining«

»Veteranen« der Eklipsen-Fotografie wissen, warum sie jeden Handgriff ihres geplanten Programms so lange üben, bis sie ihn im Dunkeln beherrschen. Unter Zeitdruck genügt ein winziger Fehler, um aus dem Konzept zu geraten. Und dagegen hilft nur Routine.

Die Finsternis zur Mitte der Totalität in Fatehpur Sikri, Indien, am 24. Oktober 1995.

Fotografieren während der partiellen Phase

Bei äußerster Vorsicht für das Auge kann man die Sonnensichel auch ohne Filter – mit kleinster Blende (z.B. f/32) und kürzester Belichtungszeit (z.B. 1/2 000) – fotografieren. Sinnvoller ist es aber, einen der beschriebenen Filter (Dichte 5) zu verwenden. Eine Testserie an der prallen Mittagssonne (z.B. mit Blende 5,6 oder 8) zeigt in den Tagen davor, welche Belichtungszeit (zwischen 1/1 000 und 1/4 Sekunde) sich am besten eignet. Das Testergebnis gilt auch für die partiell verfinsterte Sonne bzw. für eine Ringfinsternis. Um für die Totalität gewappnet zu sein, sollte die Kamera von Beginn an auf einem stabilen Stativ montiert sein. Auf jeden Fall müssen die Filter rechtzeitig (etwa 30 Sekunden) vor dem zweiten Kontakt von den Objektiven entfernt werden.

Fotografieren während der totalen Phase

Die Helligkeit der Korona nimmt nach außen hin ab. Bei längeren Belichtungszeiten ist auf Fotos zwar auch die äußere Randzone der Korona zu sehen, und sie erscheint deshalb größer, aber ihr Innenbereich wird gleichzeitig überbelichtet. Man könnte diesem Dilemma mit einem sogenannten »Radialdichtefilter« begegnen, um das Licht innen stärker als außen zu filtern. Sinnvoller ist aber eine Belichtungsserie, um jeweils verschieden helle Bereiche korrekt zu belichten (z. B. mit Blende 8 und Verschlußzeiten von 1/1 000 bis zu 1 Sekunde). Bei Belichtungszeiten über eine Sekunde stellt sich ein überraschender Effekt ein. Während die Scheibe des Neumondes für das Auge dunkel erscheint, wirkt sich das von der Erde zum Mond reflektierte Licht auf Fotos so aus, daß sich die hellen und dunklen Flecken des Mondes abzeichnen. Die nachstehende Belichtungstabelle dient als Orientierungshilfe und gibt (für 100-ASA-Filmmaterial und Blende 8) an, welche Phänomene der Finsternis bei welchen Belichtungszeiten am besten hervortreten.

Tips für Freaks

Sehr dramatisch nehmen sich Mehrfachbelichtungen aus, bei denen man verschiedene Finsternisphasen (mit Drahtauslöser) auf ein und dasselbe Bild belichtet. Dazu muß der Filmtransport abschaltbar sein und die Kamera mit kurzer Brennweite auf einem stabilen Stativ ruhen. Die Belichtungen während der partiellen Phase sollten alle 5–15 Minuten mit Filter erfolgen, für die Aufnahme der Korona wird der Filter entfernt und die Belichtungszeit entsprechend geändert. Es erfordert etwas Überlegung, um das richtige Objektiv (Öffnungswinkel) und die passende Kamerastellung zu wählen, damit die Sonne auf einer ästhetischen Linie durch das Bild wandert und die Korona an der gewünschten Stelle zu liegen kommt. Da solche Serienaufnahmen über drei Stunden dauern können, erfordern sie viel Konzentration. Dabei darf keinesfalls das Stativ verrückt werden, denn – so die Profis: »All of your eclipse eggs are in one basket.«

Beim Fotografieren durch Teleskope oder durch Teleobjektive mit Brennweiten über 500 mm sollte man auch mit Stativ nicht länger als eine Sekunde belichten, da sich sonst durch die Erdrotation Bewegungsunschärfen ergeben. Als Faustformel für die maximale Belichtungszeit (in Sekunden) gilt: 700 dividiert durch die Brennweite (in Millimeter). Es sei denn, eine sogenannte »Nachführung« am Stativ gleicht die Erddrehung aus.

Fliegende Schatten lassen sich nur mit Glück und einer kurzen Belichtungszeit (unter 1/250 Sekunden) fotografieren. Dafür sollte der Film mindestens eine Empfindlichkeit von 400 ASA aufweisen und das Objektiv auf eine weiße Fläche fokussiert sein. Je mehr Aufnahmen mit verschiedenen Blenden entstehen, um so höher ist die Wahrscheinlichkeit für ein brauchbares Bild. Ein mitfotografierter Maßstab könnte aufschlußreich sein. Verzagen Sie aber nicht, wenn der Versuch mißlingt! Für die paar Forscher, die weltweit auf fliegende Schatten spezialisiert sind, wäre jedes gute Bild eine Sensation! Ganz anders beim Lochkamera-Effekt: Ihn »sehen« Kameras einwandfrei, auch wenn die Belichtung automatisch erfolgt.

Belichtungszeiten

(100-ASA-Filmmaterial, Blende 8)
(Finsternis bei klarem Himmel um die Mittagszeit)

Phänomene der Finsternis	**Belichtungszeit in Sekunden**
Perlenschnurphänomen	1/4 000–1/1 000
Chromosphäre	etwa 1/1 000
Protuberanzen	1/1 000–1/125
Innere Korona	1/15–1/4
Äußere Korona	1/8–1
Korona und Sterne/Planeten	1–4
Reflektiertes Erdlicht auf Neumond	1–8
Partielle Phase (mit Filter!)	je nach Testergebnis

Video

Die eingangs erwähnten Foto-Tips gelten modifiziert auch für Video. Dabei sollte die Video-Kamera unbedingt auf einem stabilen Stativ mit Nachführung stehen, damit die Sonne – auch bei längerer Aufnahmedauer und Brennweite – nicht aus dem Bild wandern kann. Ein geeigneter Filter (z.B. Baader 12 Mikron Sonnenfolie) ist während der partiellen Phase unverzichtbar, allein schon um die sensible Elektronik zu schonen. Wie in der Fotografie sind Testaufnahmen an der Mittagssonne sinnvoll, wobei eine manuelle Blendensteuerung in der Regel bessere Ergebnisse als die Automatik liefert. Eine ausreichende Bildschärfe liegt vor, wenn auch kleinere Sonnenflecken erkennbar sind. Da sich durch das Einblenden der Aufnahmezeit der Finsternisverlauf für eine bestimmte geografische Position exakt nachvollziehen läßt, gewann die Videotechnik in der Forschung durchaus Bedeutung. Ein besonderer Vorteil liegt in der Möglichkeit, auch Geräusche dokumentieren zu können (Tierstimmen, Insekten, Finsterniswind).

Weitere Informationen zu diesem Thema finden Sie in der Literatur (siehe Literaturverzeichnis). Überdies sind die Mitglieder lokaler Astronomen-Vereine meist erfahrene Finsternis-Fotografen und durchaus bereit, ihr Wissen weiterzugeben. Bedenken Sie aber, daß jede noch so gelungene Aufnahme nur ein zweidimensionales Abbild des Naturschauspiels ist: Es verhält sich zum tatsächlichen Ereignis etwa so wie das Foto eines orientalischen Marktes zu den Farben, Klängen und Düften seiner unnachahmlichen Realität. Deshalb sollten Sie Ihre Sinne nicht zu kurz kommen lassen. Hören Sie auf die Stille! Achten Sie auf die Reaktionen der Natur und beobachten Sie andere Menschen beim Beobachten! Ein ausgiebiger, meditativer Blick auf die verfinsterte Sonne gräbt sich am tiefsten in die Erinnerung ein. Und dafür genügt als Equipment ein Kissen!

Der 11. August 1999

Kometen, explodierende Sterne, Meteoritenschauer und Finsternisse beleben unser Interesse für die Entstehung und Ordnung des Kosmos sprunghaft. Seit der letzten totalen Sonnenfinsternis im deutschsprachigen Raum sind gut 150 Jahre vergangen. In Österreich und in der Schweiz fand die letzte totale Sonnenfinsternis 1842 statt, in Deutschland im Jahr 1706. Dabei wurde die Finsternis vom 19. August 1887, die bei Sonnenaufgang nur im Osten Deutschlands (und selbst dort kaum) sichtbar war, nicht mitgezählt. Die nächste totale Sonnenfinsternis nach 1999 findet für alle drei Länder am 3. September 2081 statt. Insofern liegt die Bedeutung des 11. August 1999 für unseren Kulturkreis auf der Hand. Aber das Naturschauspiel ist ein Geschenk an viele Nationen: Wenn der Kernschatten des Mondes zum letzten Mal in diesem Jahrtausend über die Erde wandert, wird er insgesamt elf europäische und sechs asiatische Länder miteinander verbinden.[1] Es ist also anzunehmen, daß das Ereignis schon wegen des großen Interesses und der zahlreichen Finsternis-Fans, die dieses Spektakel beobachten werden, in die Geschichte eingehen wird.

11.30′57″ Uhr[2], MESZ (mitteleuropäische Sommerzeit). Über dem Nordatlantik – 700 Kilometer östlich von New York – geht soeben die Sonne auf, wenn der Kernschatten des Mondes vom Weltraum auf das Wasser trifft. Der schwarze Kegel schlägt mit dreifacher Schallgeschwindigkeit (etwa 3 400 km/h) auf. Wenn er aus fester Materie wäre, würde er das Wasser zu einer vernichtenden Flutwelle auftürmen. Aber der Schatten wirft nur einen dunklen Fleck auf den Ozean – eine schlanke Ellipse, 49 Kilometer breit, die zunächst unendlich schnell ostwärts rast. In der Mitte der Spur, die sie hier zu beschreiben beginnt, ist es 47 Sekunden lang finster.

12.11 Uhr. 40 Minuten später ist der elliptische Schatten schon 103 Kilometer breit und hat nur noch eine Geschwindigkeit von 3 200 km/h. Er hat den Atlantik überquert und trifft in Cornwall auf die Südwestspitze Englands. Der Schatten wandert nur auf dieser Halbinsel kurz

[1] Staaten auf die der Kernschatten trifft: Großbritannien, Frankreich, Belgien, Luxemburg, Deutschland, Österreich Slowenien, Ungarn, Jugoslawien, Rumänien, Bulgarien, Türkei, Syrien, Irak, Iran, Pakistan, Indien.

[2] Die angegebenen Daten stammen unter anderem aus der »NASA Reference Publication 1398« von Fred Espenak und Jay Anderson.

Die Sonnenfinsternis am 11. August 1999

Der Verlauf der Totalitätszone in Mitteleuropa

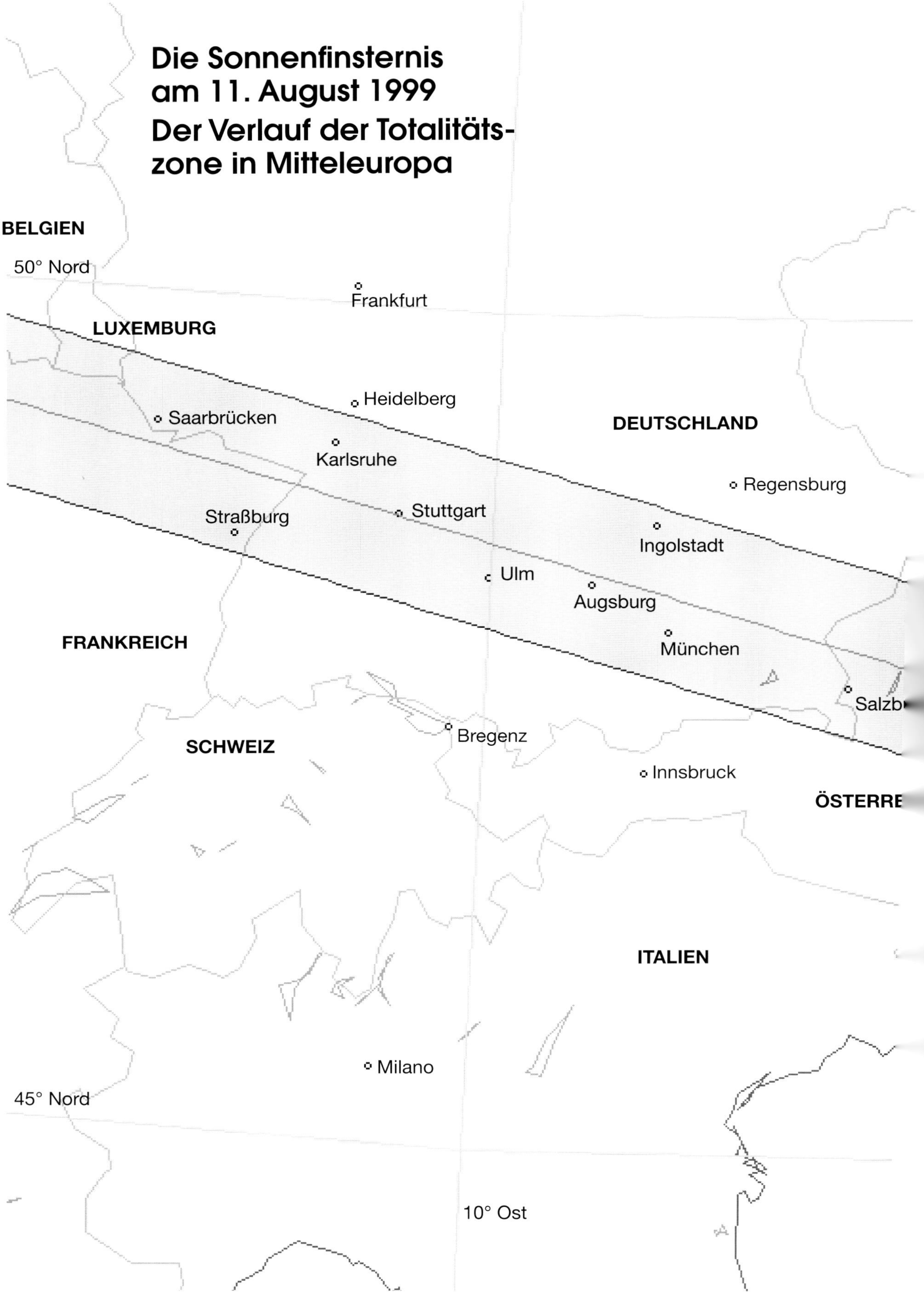

Beginn (MESZ) und Dauer der Totalität

Stadt	Beginn	Dauer
Plymouth (GB)	12:13	1:39
e Havre (F)	12:19	1:31
Reims	12:25	2:00
Metz	12:28	2:13
aarbrücken (D)	12:29	2:09
arsruhe	12:32	2:08
tuttgart	12:33	2:17
lm	12:34	2:04
ugsburg	12:36	2:17
ünchen	12:37	2:08
alzburg (A)	12:40	2:02
munden	12:41	2:20
nz	12:43	0:30
raz	12:45	1:12
nkafeld	12:45	2:22
zombathely (H)	12:46	2:22
ékesfehérvár	12:50	1:37
zeged	12:53	2:21
misoara (R)	12:56	2:02
mnicu Vilcea	13:02	2:22
ıkarest	13:06	2:22

Der Verlauf der Totalitätszone und des Halbschattens über den Globus

über britisches Territorium und ruft hier zwei Minuten Totalität hervor. In London ist die Finsternis partiell (96,8 Prozent), ebenso in Stonehenge, wo rund um das Steinmonument geheimnisvolle Zeremonien abgehalten werden.

12.20 Uhr. Das Zentrum des Kernschattens erreicht die Küste der Normandie. Seine Geschwindigkeit beträgt jetzt 2 900 km/h. Le Havre, Rouen, Amiens und Reims verfinstern sich total, Paris nur partiell (99,2 Prozent). Während es in Metz 2 Minuten und 13 Sekunden lang dunkel ist, reicht der nördliche Schattenrand hinüber nach Südbelgien, gelangt dann nach Luxemburg und ab 12.28 Uhr nach Deutschland. Saarbrücken und Metz sind eine Weile gleichzeitig finster, etwas später Karlsruhe und Straßburg.

12.32 Uhr. Bei Rastatt im Rheintal wandert nun auch das Kernschattenzentrum nach Deutschland. Zwei Minuten später ist in Stuttgart Nacht. Die Einwohner der Schwabenmetropole haben sich bestens auf das Ereignis vorbereitet und feiern bis Sonntag ein großes »Sonnenfestival«. Stuttgart liegt günstig und freut sich über 2 Minuten und 17 Sekunden Totalität – etwa so lang dauert die Nacht auch in Augsburg. Frankfurt liegt dagegen ein wenig abseits und muß sich mit einer partiellen Bedeckung (98 Prozent) begnügen. Die Breite des Kernschattens beträgt mittlerweile 109 Kilometer, die Geschwindigkeit hat sich auf 2 650 km/h reduziert. Für München, das rund 20 Kilometer südlich der Zentrallinie liegt, bedeutet das 2 Minuten und 8 Sekunden Dunkelheit.

12.40 Uhr. Kurz nachdem das Schauspiel für Bayerns Hauptstadt zu Ende geht, tritt der Kernschatten bei Altötting über die Salzach nach Österreich. Er verdunkelt die Mozartstadt Salzburg 2 Minuten und 5 Sekunden lang und wandert über das Seengebiet des Salzkammerguts weiter nach Osten. Das südliche Burgenland wartet mit den günstigsten Wetterprognosen Westeuropas und einer Reihe von Aktivitäten auf. Eine Satellitenschaltung verbindet die Solarschulen von Stuttgart, München und Pinkafeld mit dem Ergebnis, daß man die Finsternis dort gleich dreimal erleben kann: einmal in natura und zweimal auf Riesenleinwänden.

12.47 Uhr. Bei seinem Austritt aus Österreich schneidet der Kernschatten kurz den nordöstlichen Zipfel von Slowenien an. Dann gehört die Finsternis Ungarn. Zwar liegt Budapest - so wie Wien – etwa 40 Kilometer nördlich der Kernschattenzone und verfinstert sich nur partiell (99 Prozent), aber die Stadt Szombathely zündet bei Einbruch der Totalität ein gigantisches Feuerwerk, und wenn sich die Finsternis gegen 12.50 Uhr über den Plattensee breitet, läuten in Székesfehérvár alle Kirchenglocken Sturm.

12.55 Uhr. Während sich der Kernschatten bei Szeged über die Grenze nach Rumänien schiebt, streift seine südliche Hälfte den Nordosten Jugoslawiens: In der Stadt Subotica wird es dunkel.

13.03'04" Uhr. Rumänien: Mitte des Finsternisverlaufs. Die Sonne steht 59 Grad über dem Horizont, wenn bei Rîmnicu Vîlcea – rund 150 Kilometer westlich von Bukarest – die Schattenachse dem Erdmittelpunkt am nächsten kommt. Etwa zu diesem Zeitpunkt erreicht der Kernschatten seine größte Breite (112 Kilometer, Magnitude 102,8 Prozent) und seine niedrigste Geschwindigkeit (2 448 km/h), was zur längsten Totalitätsdauer führt (2 Minuten und 23 Sekunden). Minuten später bricht die Nacht fast ebenso lang über Bukarest herein, bevor sie über das rumänisch-bulgarische Grenzgebiet wandert.

13.12 Uhr. Der Kernschatten verläßt Europa. Rund zehn Minuten braucht er, um das Schwarze Meer zu überqueren, dann trifft er auf den asiatischen Teil der Türkei. Er verdunkelt Ankara zu 96,7 Prozent, streift den nordöstlichen Teil Syriens und überquert den Nordosten des Irak. Bagdad liegt 220 Kilometer weiter im Süden und merkt von der Finsternis nur wenig (94 Prozent). Die Geschwindigkeit des Schattens nimmt nun wieder zu, die Totalitätsdauer auf der Zentrallinie dagegen ab. Zur Zeit beträgt sie noch 2 Minuten und 5 Sekunden.

13.52 Uhr. Der Schatten trifft auf die Westgrenze des Iran und braucht 30 Minuten für die Durchquerung dieses Staates. Die extreme Trockenheit im Monat August schafft erstklassige Bedingungen für die Beobachtung, vor allem bei Isfahan im Zentrum des Landes. Die Hauptstadt Teheran liegt nördlich der Totalitätszone und muß sich – wie Bagdad – mit einer Bedeckung von 94 Prozent begnügen.

14.22 Uhr. Der Kernschatten tritt nach Südpakistan über. Die Finsternis folgt nun der Küstenlinie des arabischen Meeres bis nach Karachi. In der Millionenstadt wird es 1 Minute und 13 Sekunden lang dunkel. Die Breite des Schattens ist auf 85 Kilometer geschrumpft, seine Geschwindigkeit ist auf über 7 000 km/h gestiegen.

14.28 Uhr. Als letztes Land erreicht der Kernschatten Indien. Seine Geschwindigkeit steigt rasant an (auf etwa 100 000 km/h), während die Finsternisdauer auf der Zentrallinie nicht einmal mehr eine Minute beträgt. Die Sonne steht nur noch knapp über dem westlichen Horizont, wenn der Schatten über die Ostküste Indiens auf das offene Meer hinausfegt.

14.36'23" Uhr. Sonnenuntergang: das Ende der Finsternis. Der Kernschatten verläßt die Erdoberfläche südlich von Kalkutta im Golf von Bengalen und kehrt in den Weltraum zurück. In drei Stunden und sechs Minuten hat er 14 000 Kilometer auf der Erde zurückgelegt und etwa 0,2 Prozent ihrer Oberfläche bestrichen. Partiell war die Finsternis bis nach Zentralafrika, im Norden sogar im Bereich der Mitternachtssonne rund um den Nordpol zu sehen.

Hinweise zum Finsternistag

Der 11. August 1999 fällt auf einen Mittwoch. Unbedingt einen Urlaubstag einplanen und die Chance nutzen! Die Kernschattenzone ist in ganz Europa leicht zu erreichen. Für die nächste totale Sonnenfinsternis am 21. Juni 2001, wenn der Mondschatten vom Südatlantik über das südliche Afrika nach Madagaskar zieht, ist die Anreise aufwendiger. Und ein Dakapo in Deutschland oder Österreich findet erst am 3. September 2081 statt!

Die Sonnenfleckenaktivität steht kurz vor einem Maximum. Es ist also mit einer ausgeprägten Korona und mit auffallenden Protuberanzen zu rechnen.

Standortwahl: Um die Finsternis am eindrucksvollsten zu erleben, muß man sich in der Totalitätszone befinden. Außerhalb dieses Bereichs nimmt die Helligkeit zwar merklich ab, aber selbst eine Bedeckung von 99 Prozent ist nicht mit dem Totalitätserlebnis vergleichbar. Die längste Finsternisdauer ergibt sich in der Regel auf der Zentrallinie. Bedingt durch das Mondrandprofil könnte das am 11. August auch ein paar Kilometer weiter südlich sein. Überdies hat auch ein Beobachtungsort am Rand der Totalitätszone seinen Reiz: Dort ist die Totalität zwar kurz, aber das Perlenschnurphänomen dauert länger. Die meisten Perlen werden vom Südrand der Finsterniszone zu sehen sein, da der südliche Mondrand starke Unregelmäßigkeiten aufweist. Von Vorteil ist ein höhergelegener Standort, der rundherum freie Sicht gewährt. In bergigen Gegenden kann es aber mittags zu Quellwolkenbildung kommen.

Zeit zum Beobachten: Sonnenfinsternisse sind in erster Linie ein »Fest für die Augen«. Auch Fotofans sollten sich daher Zeit zum Beobachten nehmen. Der Blick durch ein einfaches Fernglas auf die Korona oder auf den Sternenhimmel enthüllt Details, die kein Foto festhalten kann. Ebenso lohnt es sich, auf die Reaktionen der Natur zu achten.

Mobilität: Es heißt, daß im Durchschnitt die Beobachtung jeder sechsten Finsternis durch Wolken vereitelt wird. Wenn abzusehen ist, daß die Sichtverbindung zur Sonne durch Wolken unterbrochen wird, könnte man den Wolken davonfahren, um ein paar Kilometer weiter freie Sicht zu haben – vorausgesetzt, es handelt sich nicht um eine geschlossene Wolkendecke und die Verkehrsverhältnisse erlauben einen Ortswechsel im letzten Moment.

Wetterprognose

Für das Gebiet der Totalitätszone – und zwar vom Atlantik quer durch Europa bis zum Iran – gilt statistisch gesehen im Monat August: je weiter östlich, desto weniger Wolken. Die folgenden Beispiele[1] geben die Wahrscheinlichkeit an, mit der die verdunkelte Sonne am 11. August von verschiedenen Regionen der Totalitätszone zu sehen ist.

Südengland, Frankreich	45–50 %
Süddeutschland, Österreich	50–55 %
Ungarn	55–60 %
Rumänien, Bulgarien	60–65 %
Osttürkei	70–85 %
Ostsyrien, Nordirak, Iran	90–95 %
Karatschi (Südpakistan)	etwa 65 %
Ahmedabad (Nordwestindien)	etwa 30 %
östliches Indien	etwa 5 %

In Mitteleuropa ist die Witterung auch im Sommer wechselhaft. Dagegen steigt die Wahrscheinlichkeit für freie Sicht weiter östlich kontinuierlich an und sinkt in den Monsunländern Pakistan und Indien wieder dramatisch. Allerdings handelt es sich hier um klimatische Erfahrungswerte, und es gilt der Meteorologen-Spruch: »Klima ist, was man erwartet, Wetter, was man bekommt!« Es liegt also nahe, sich an den Wetterprognosen kurz vor dem 11. August 1999 zu orientieren. Wer den Beobachtungsort dennoch länger im voraus festlegen will und einen Kompromiß aus günstigem Klima und vertretbarer Anreise sucht, ist wahrscheinlich mit Ungarn oder dem österreichischen Burgenland am besten beraten.

Der Sternenhimmel während der Totalität

Neben der Sonnenkorona sind am verdunkelten Tageshimmel auch die hellsten Planeten und Sterne zu sehen. Am klarsten tritt die Venus etwa 15 Grad südöstlich von der Sonne hervor; ebenso der Planet Mer-

[1] Jay Anderson, Environment Canada

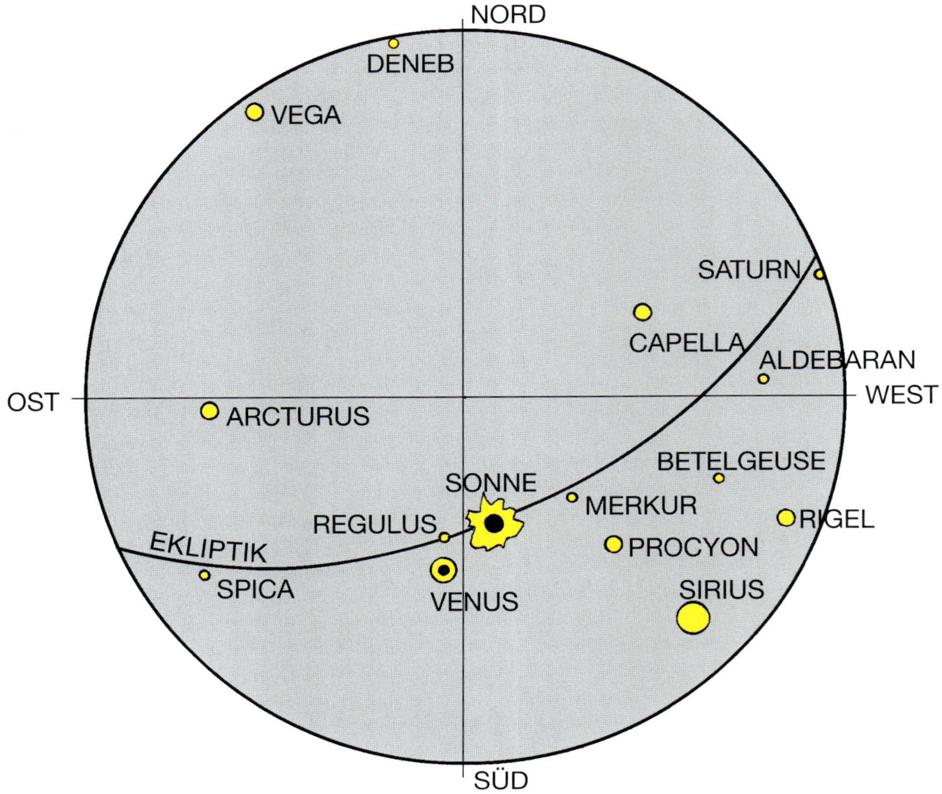

Grafik 26: Der Sternenhimmel gesehen aus der Totalitätszone in Rumänien zum Zeitpunkt des Finsternismaximums um 13.03 Uhr MESZ. Der Kreis stellt den Horizont dar, der relativ hell bleibt. Deshalb sind die Sterne in seiner Nähe kaum sichtbar.

kur etwa 18 Grad nordwestlich von ihr. Am westlichen Himmel dominieren die hellen Sterne Capella, Aldebaran, Procyon, Beteigeuze und Sirius. In der östlichen Himmelshälfte könnten die Sterne Arkturus, Spica und Regulus zu sehen sein. Ein Fernglas ist beim Aufspüren der Sterne sicher von Vorteil.
Die Stellung der Himmelskörper zueinander sieht von allen Orten der Totalitätszone praktisch gleich aus. Für Beobachter in West- und Mitteleuropa stehen jedoch die Himmelskörper im Westen etwas höher über dem Horizont, während Beobachter in Asien weiter in den östlichen Bereich des Himmels hineinsehen.

Zum Stammbaum der Finsternis

Die totale Sonnenfinsternis vom 11. August 1999 ist die 21. Finsternis des Saros-Zyklus Nr. 145. Der Zyklus dauert 1 370 Jahre und liefert insgesamt 77 Finsternisse am aufsteigenden Knoten: 14 partielle, 1 ringförmige, 1 ringförmig-totale, 41 totale und nochmals 20 partielle Finsternisse. Die erste Finsternis fand am 4. Januar 1639 im nördlichen Rußland statt, die letzte wird am 17. April 3009 in der Antarktis zu sehen sein (beide partiell).

Ein Blick in die Zukunft

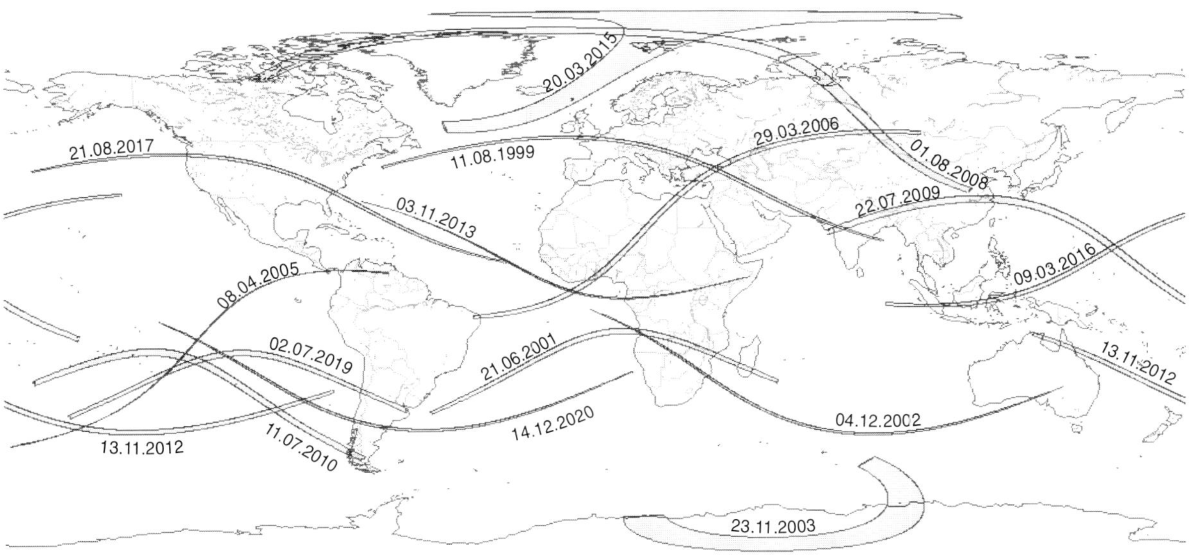

Totale Sonnenfinsternisse von 1999–2020. Der Verlauf der Totalitätszonen über die Erde.

Totale Sonnenfinsternisse 1999-2020

11. August 1999

Dauer: 2 Minuten und 23 Sekunden

Nordatlantik, Europa, Südasien (s. Seite 181 ff.). Es handelt sich um die letzte totale Sonnenfinsternis des 2. Jahrtausends.

21. Juni 2001

Dauer: 4 Minuten und 57 Sekunden

Südatlantik, Angola, Zambia, Zimbabwe, Mozambique, Madagaskar, Indischer Ozean. Die erste totale Sonnenfinsternis des 3. Jahrtausends: Sie ist die Saros-Nachfolgerin der »Java-Finsternis« vom 11. Juni 1983. Ihre Totalitätszone überschneidet sich bei Lobito an der Atlantik-Küste Angolas mit der Totalitätszone der nächsten totalen Sonnenfinsternis am:

4. Dezember 2002

Dauer: 2 Minuten und 4 Sekunden

Atlantik, Angola, Botswana, Zimbabwe, Südafrika, Mozambique, südlicher Indischer Ozean, Südaustralien. Die zweite totale Sonnenfinsternis im südlichen Afrika innerhalb von 18 Monaten. Wegen des niedrigen Sonnenstandes in Angola sollte man als Beobachtungsort eher die Küste Mozambiques ins Auge fassen.

23. November 2003

Dauer: 1 Minute und 59 Sekunden

Antarktis. Die partielle Phase ist in Australien und Neuseeland zu sehen.

8. April 2005 (ringförmig-total)

Dauer: 42 Sekunden

Südpazifik, Panama, Kolumbien, Venezuela. Auf dem Festland nur ringförmig sichtbar!

29. März 2006

Dauer: 4 Minuten und 7 Sekunden

Ostbrasilien, Atlantik, Ghana, Togo, Benin, Nigeria, Niger, Tschad, Libyen, Ägypten, Mittelmeer, Türkei, Kasachstan, Südrußland. Ein Muß für wüstenerprobte Eklipsen-Fans! Das Finsternis-Maximum mit einer Schattenbreite von etwa 180 Kilometern liegt im Grenzgebiet der Länder Niger, Tschad und Libyen. Einfacher ist die Totalitätszone in der östlichen Türkei zu erreichen, wo sie die Totalitätszone der Finsternis vom 11. August 1999 kreuzen wird.

1. August 2008

Dauer: 2 Minuten und 28 Sekunden

Nordkanada, Grönland, Arktisches Meer, Rußland, Mongolei, China. Die Saros-Nachfolgerin der Finnland-Finsternis vom 22. Juli 1990 wird diesmal zum Sommer-Event in Nordsibirien, eventuell auf der Insel Nowaja Semlja. Alternative: Die Totalitätszone überquert kurz vor Sonnenuntergang die Chinesische Mauer.

22. Juli 2009

Dauer: 6 Minuten und 39 Sekunden

Indien, Nepal, Bhutan, China, Pazifischer Ozean. Die Nachfolgerin der Mexiko-Finsternis vom 11. Juli 1991 ist die längste Sonnenfinsternis des 21. Jahrhunderts. Sie verfinstert frühmorgens Indiens heilige Stadt Benares und wandert etwa 120 Kilometer südlich am Mount Everest vorbei. Ihr Finsternis-Maximum liegt im Pazifik. Wegen des niedrigen Sonnenstandes und der sommerlichen Monsun-Wolken in Indien und Nepal ist ein Standort weiter östlich günstiger. Also: Treffpunkt Shanghai, China.

11. Juli 2010

Dauer: 5 Minuten und 20 Sekunden

Südpazifik, Osterinsel, Chile, Argentinien. Der Kernschatten verfehlt Tahiti um 25 Kilometer und erreicht das südamerikanische Festland erst kurz vor Sonnenuntergang. Aber Rapa Nui, die chilenische Osterinsel, verfinstert sich komplett für etwa 4 Minuten und 45 Sekunden.

Die einzigartigen Moais (Steinstatuen) als Finsternis-Kulisse lassen Tahiti und den Gedanken an eine eventuelle Beobachtung von der See aus verblassen.

13. November 2012

Dauer: 4 Minuten und 3 Sekunden

Nordaustralien, Südpazifik. Festlandkontakt hat diese Sonnenfinsternis nur frühmorgens in Nordaustralien. Der Kernschatten wandert an der Nordinsel Neuseelands vorüber.

3. November 2013 (ringförmig-total)

Dauer: 1 Minute und 40 Sekunden

Atlantik, Äquatorial-Afrika. Auf dem Festland hauptsächlich als totale Sonnenfinsternis sichtbar. Die Vorgängerin dieser Sonnenfinsternis verlief 1995 über Südasien (unter anderem über Indien) und war total.

20. März 2015

Dauer: 2 Minuten und 47 Sekunden

Nordatlantik, Spitzbergen, Arktisches Meer. Es handelt sich um die Nachfolgerin der eiskalten Mongolei-Sibirien-Finsternis vom 9. März 1997. Auch das Treffen in Spitzbergen wird eine Herausforderung für Mensch und Material.

9. März 2016

Dauer: 4 Minuten und 10 Sekunden

Indonesien, Pazifik. 18 Jahre nach der Karibik-Finsternis vom 26. Februar 1998 wandert der Kernschatten über Sumatra, Borneo und Sulawesi.

21. August 2017

Dauer: 2 Minuten und 40 Sekunden

Pazifik, USA, Atlantik. Ein Saros-Zyklus nach dem 11. August 1999: 120 Grad weiter westlich. Diesmal überquert die Finsternis dichtbesiedelte Gebiete der USA zwischen Salem/Oregon und Charleston/South Carolina. Das Finsternis-Maximum liegt im Bundesstaat Kentucky. Der Halbschatten trifft auf ganz Nordamerika und Teile Südamerikas.

2. Juli 2019

Dauer: 4 Minuten und 33 Sekunden

Südpazifik, Chile, Argentinien. Die Vorläuferin verfinsterte im Jahr 2001 das südliche Afrika. Nun sind die Verhältnisse ungünstiger, denn der Kernschatten erreicht das Festland erst spät am Abend. Klassischer Ausweich-Standort: ein Kreuzfahrtschiff in Polynesien.

14. Dezember 2020
Dauer: 2 Minuten und 10 Sekunden
Südpazifik, Chile, Argentinien, Südatlantik. Dacapo in Südamerika nach 18 Monaten. Diesmal bei hohem Sonnenstand. Der Kreuzungspunkt der beiden Totalitätszonen, der vor 18 Jahren auf die Westküste Angolas traf, liegt nun nördlich der Osterinsel.

Ringfinsternisse 1999-2020

Datum	**Dauer**	**Sichtbarkeitszone**
16. Februar 1999	0:40	südlicher Indischer Ozean, Australien
14. Dezember 2001	3:55	Pazifik, Costa Rica, Honduras
10. Juni 2002	1:12	Pazifik
31. Mai 2003	3:38	Schottland, Island, Grönland
3. Oktober 2005	4:28	Atlantik, Spanien, Afrika, Indischer Ozean
22. September 2006	7:05	Surinam, Südatlantik
7. Februar 2008	2:14	Antarktis, Südpazifik
26. Januar 2009	7:56	Südatlantik, Indischer Ozean, Indonesien
15. Januar 2010	11:10	Afrika, Indischer Ozean, China
20. Mai 2012	5:47	Südchina, Japan, Nordpazifik, USA
10. Mai 2013	6:03	Australien, Salomonen, Pazifik
29. April 2014	0:58 NZ[1]	Antarktis
1. September 2016	3:03	Atlantik, Afrika, Madagaskar, Indischer Ozean

[1] NZ = nicht-zentrale Finsternis

26. Februar 2017	1:20	Südpazifik, Chile, Argentinien, Südatlantik, südliches Afrika
26. Dezember 2019	3:41	Arabien, Südindien, Sumatra, Borneo, Pazifik
21. Juni 2020	1:22	Afrika, Südarabien, Südasien, Pazifik

Glossar

Absteigender Mondknoten: Jener Punkt der Mondbahn, an dem der Mond die Ekliptik durchstößt, wenn er in die untere Hälfte seiner Umlaufbahn eintritt.

Anomalistischer Monat: Zeitraum zwischen zwei aufeinanderfolgenden Durchgängen des Mondes durch den erdnächsten bzw. erdfernsten Punkt seiner Umlaufbahn: 27,55455 Tage.

Anomalistisches Jahr: Zeitraum zwischen zwei aufeinanderfolgenden Durchgängen der Erde durch den sonnennächsten bzw. sonnenfernsten Punkt ihrer Umlaufbahn: 365,25946 Tage.

Antiumbra: siehe **Negativer Schatten**

Aphel: Sonnenfernster Punkt in der elliptischen Umlaufbahn eines Planeten, Kometen usw.

Apogäum: Erdfernster Punkt in der elliptischen Umlaufbahn des Mondes oder eines Satelliten.

Äquinoktium: siehe Tagundnachtgleiche

Aufsteigender Mondknoten: Jener Punkt der Mondbahn, an dem der Mond die Ekliptik durchstößt, wenn er in die obere Hälfte seiner Umlaufbahn eintritt.

Bedeckungsgrad: Prozentsatz des Sonnendurchmessers, der während einer partiellen Sonnenfinsternis bzw. während der partiellen Phase einer totalen Sonnenfinsternis vom Mond bedeckt wird.

Chromosphäre (griech. »Farbkugel«): Der innere (= untere) Bereich der Sonnenatmosphäre, der unmittelbar über der Photosphäre liegt und bei totalen Sonnenfinsternissen kurz als dünne, rötliche Schicht erkennbar wird.

Diamantringeffekt: Der letzte direkte Sonnenstrahl, der vor der Totalität sichtbar ist (bzw. der erste danach); glitzert kurz wie ein Edelstein an einem Ring.

Drakonitischer Monat: Auch »Finsternismonat«. Zeitraum zwischen zwei aufeinanderfolgenden Durchgängen des Mondes durch den aufsteigenden (oder absteigenden) Mondknoten: 27,21222 Tage.

Eklipse: siehe **Finsternis**

Ekliptik: Die Ebene, in der sich die Erde um die Sonne bewegt. Nur wenn sich der Neumond oder Vollmond in ihrer Nähe befindet, ist eine Sonnen- oder Mondfinsternis möglich. Von der Erde aus gesehen scheint sich die Sonne entlang der Ekliptik ostwärts zu bewegen.

Finsternis: Entsteht, wenn ein Himmelskörper ganz oder teilweise durch einen anderen verdunkelt bzw. abgedeckt wird.

Finsternisjahr: Zeitraum zwischen zwei aufeinanderfolgenden Ausrichtungen des aufsteigenden oder des absteigenden Mondknotens zur Sonne: 346,62 Tage. Wegen der rückläufigen Drehung der Knoten ist dieser Zeitraum um 18,62 Tage kürzer als ein Sonnenjahr (365,24 Tage).

Finsternismaximum: Der Augenblick während einer Sonnenfinsternis, in dem die Achse des Mondschattenkegels dem Erdmittelpunkt am nächsten kommt. Er entspricht jenem Moment der Sonnenfinsternis, in dem die Sonnenscheibe maximal bedeckt ist.

Finsternismitte: Jener Augenblick während einer zentralen Sonnenfinsternis, der an einem bestimmten Beobachtungsort die »Halbzeit« der Totalität bzw. der Ringphase darstellt. Er ist identisch mit der zeitlichen Mitte zwischen dem zweiten und dritten Kontakt.

Finsternismonat: siehe **Drakonitischer Monat**

Fliegende Schatten: Kontrastarme Lichtwellen unterschiedlicher Helligkeit, die sich manchmal kurz vor oder nach der Totalität im Schrittempo über helle Flächen (z. B. Hauswand) bewegen.

Galaxie: Große Ansammlung von Sternen. Unsere Heimatgalaxie – die »Milchstraße« – ist eine spiralförmige Galaxie mit etwa 100 Milliarden Sternen.

Halbschatten: Auch »Penumbra«. Jener Bereich zum Beispiel des Mond- bzw. Erdschattens, von dem aus nur ein Teil der Lichtquelle (Sonne) sichtbar ist. Der andere Teil ist (vom Mond bzw. von der Erde) verdeckt. In den Halbschattenbereich dringt ein Teil des (Sonnen-) Lichts ein.

Halbschattenzone: Die Zone auf der Erdoberfläche, über die der Halbschatten des Mondes während einer Sonnenfinsternis wandert. Von ihr aus gesehen erscheint eine Sonnenfinsternis partiell.

Kernschatten: Auch »Umbra«. Jener Bereich zum Beispiel des Mond- bzw. Erdschattens, von dem aus die Lichtquelle (Sonne) unsichtbar ist. In den Kernschattenbereich dringt kein direktes (Sonnen-) Licht ein.

Kernschattenzone: siehe **Totalitätszone**

Knoten: Jene beiden Schnittpunkte im Raum, in denen die geneigte Umlaufbahn eines Himmelskörpers durch eine geometrische Ebene stößt. Beispielsweise stößt die Mondbahn im aufsteigenden und absteigenden Mondknoten durch die Ekliptik.

Knotenlinie: Die Verbindungslinie des aufsteigenden und absteigenden Mondknotens.

Knotenregression: Die »rückläufige« Drehung der Knotenlinie. Sie erfolgt gegen die Drehrichtung des Mondes, also von Osten nach Westen, und zwar jährlich um 19,3 Grad. Für einen vollen Umlauf um 360 Grad braucht die Knotenlinie 18,62 Jahre.

Kontakte (erster bis vierter): Jene Momente im Verlauf einer Sonnenfinsternis, in denen sich – von einem bestimmten Ort aus gesehen – die Ränder von Sonne und Mond scheinbar berühren.

Korona (lat. Kranz, Krone): Die äußere, extrem heiße Schicht der Sonnenatmosphäre. Sie erscheint während einer totalen Sonnenfinsternis als leuchtender Strahlenkranz.

Lichtjahr: Die Entfernung, die das Licht in einem Jahr zurücklegt. Sie beträgt rund 10 Billionen Kilometer und entspricht etwa 63 000mal der Entfernung Erde – Sonne. (Die Lichtgeschwindigkeit beträgt rund 300 000 Kilometer pro Sekunde).

Lunation: siehe **Synodischer Monat**

Magnitude: Das Verhältnis des scheinbaren Monddurchmessers zum scheinbaren Sonnendurchmesser während (des Finsternismaximums) einer totalen Sonnenfinsternis. Die Magnitude gibt Aufschluß über die Wesensart der Finsternis.

Mondfinsternis: Die Verdunkelung des Vollmondes, wenn er durch den Erdschatten wandert. Bei einer totalen Mondfinsternis taucht der Vollmond völlig in den Kernschatten der Erde ein, bei einer partiellen nur zum Teil, während er bei einer Halbschattenfinsternis nur durch die Penumbra der Erde wandert.

Negativer Schatten: Auch: »Antiumbra«. Die gedachte Verlängerung des Kernschattens des Mondes über seine Spitze hinaus. Sie bestimmt die Ringzone auf der Erdoberfläche, von der aus eine Ringfinsternis tatsächlich ringförmig (und nicht partiell) erscheint.

Neumond: Jene Mondphase, in der der Mond zwischen Sonne und Erde tritt (Sonne und Mond in Konjunktion) und eine Sonnenfinsternis möglich wird. Dabei ist die der Erde zugewandte Seite des Mondes dunkel.

Partielle Sonnenfinsternis: Sonnenfinsternis, bei der nur der Halbschatten des Mondes auf die Erde trifft. Ein Teil der Sonne bleibt sichtbar.

Penumbra: siehe Halbschatten

Perigäum: Erdnächster Punkt in der elliptischen Umlaufbahn des Mondes oder eines Satelliten.

Perihel: Sonnennächster Punkt in der elliptischen Umlaufbahn eines Planeten, Kometen usw.

Perlenschnurphänomen: Die Erscheinung kurz vor und nach der Totalität einer Sonnenfinsternis, bei der nur einzelne Lichtpunkte zwischen den höchsten Bergen am Mondrand durchleuchten.

Photosphäre (griech. »Lichtkugel«): Die »Oberfläche« der Sonne, die mit freiem Auge sichtbar ist und wegen ihrer großen Helligkeit die transparenten Schichten der Sonnenatmosphäre (Chromosphäre und Korona) überstrahlt. Sie verschwindet während einer totalen Sonnenfinsternis vollständig hinter dem Mond.

Planeten (griech. »Wandelsterne«): Massereiche Himmelskörper, die in elliptischen Bahnen um die Sonne wandern. Sie strahlen kein eigenes Licht aus, sondern reflektieren das Sonnenlicht.

Protuberanzen: Rotglühende Gasformationen in der Korona, die während einer totalen Sonnenfinsternis sichtbar werden. Ihre Zahl und Erscheinungsform ändert sich mit dem Sonnenmagnetfeld.

Ringfinsternis: Eine Sonnenfinsternis, bei der die scheinbare Größe des Mondes nicht ausreicht, um die Sonnenscheibe vollständig zu bedecken. Rund um die dunkle Scheibe des Neumondes bleibt ein dünner Ring aus direktem Sonnenlicht sichtbar.

Ringförmig-totale Sonnenfinsternis: Eine Sonnenfinsternis mit ringförmigen und totalen Abschnitten.

Ringzone: Jene Zone auf der Erdoberfläche, in der der »Negative Schatten« des Mondes während einer Ringfinsternis verläuft. Nur von ihr aus gesehen erscheint eine Ringfinsternis tatsächlich ringförmig, außerhalb partiell.

Saros-Zyklen: Die von den Chaldäern entdeckten Finsternis-Familien, die alle 18 Jahre und 11 1/3 Tage eine Sonnen- oder Mondfinsternis mit äußerst ähnlichen Merkmalen liefern. Ein Saros-Zyklus für Sonnenfinsternisse dauert etwa 1 200 bis 1 400 Jahre.

Siderischer Monat: Der Zeitraum, den der Mond für einen vollen Umlauf um die Erde braucht: 27,32166 Tage.

Solstitium: siehe **Sonnenwende**

Sonnenfinsternis: Der Neumond schiebt sich zwischen Sonne und Erde und wirft seinen Kern- bzw. Halbschatten auf die Erde. Die Sonnenscheibe erscheint entweder ganz oder teilweise vom Mond bedeckt.

Sonnenflecken: Flecken auf der Sonnenoberfläche, die kühler und deshalb dunkler als ihre Umgebung sind. Sie können mehrere Stunden bis Monate bestehen, ihre Zahl und Erscheinungsform ändert sich mit dem Sonnenmagnetfeld.

Sonnenfleckenzyklus: Die Periode von durchschnittlich 11,1 Jahren, in der die Anzahl der Sonnenflecken wächst, abnimmt und wieder zu wachsen beginnt.

Sonnenwende: Auch »Solstitium«. Am 21./22. Juni (Sommersonnenwende) bzw. am 21./22. Dezember (Wintersonnenwende) erreicht die Mittagssonne auf der Nordhalbkugel ihren höchsten bzw. tiefsten Stand.

Sonnenwind: Der von der Sonnenkorona in alle Richtungen fließende Partikelstrom geladener Teilchen (hauptsächlich Protonen, Elektronen und Heliumkerne), die auf der Erde unter anderem Nordlichter auslösen können.

Stern: Selbstleuchtender kugelförmiger Himmelskörper. Im Vergleich zu den Planeten verändern Sterne ihre Positionen am Himmel kaum (»Fixsterne«).

Synodischer Monat: Auch »Lunation«. Der Zeitraum zwischen zwei aufeinanderfolgenden Voll- oder Neumonden: 29,53059 Tage. In diesem Zeitraum durchläuft der Mond alle Phasen.

Tagundnachtgleiche: Auch »Äquinoktium«. Am 21./22. März (Frühlings-Tagundnachtgleiche) und am 22./23. September (Herbst-Tagundnachtgleiche) dauern Tag und Nacht jeweils zwölf Stunden.

Totale Sonnenfinsternis: Eine Sonnenfinsternis, bei der die scheinbare Größe des Mondes ausreicht, um die Sonnenscheibe vollständig zu bedecken, so daß die Photosphäre unsichtbar ist. Der Kernschatten des Mondes trifft auf die Erde.

Totalität: Sonnenfinsternis: Die Zeitspanne, in der (für einen Beobachter innerhalb der Totalitätszone) die Sonne vollständig vom Neumond bedeckt scheint und Dunkelheit herrscht. Mondfinsternis: Die Zeitspanne, in der sich der Vollmond zur Gänze im Kernschatten der Erde befindet.

Totalitätszone: Auch »Kernschattenzone«. Jene Zone auf der Erdoberfläche, über die während einer totalen Sonnenfinsternis der Kernschatten des Mondes wandert. Nur von ihr aus gesehen erscheint eine totale Sonnenfinsternis tatsächlich total.

Umbra: siehe Kernschatten

Vollmond: Jene Mondphase, in der die Erde zwischen Sonne und Mond tritt (Sonne und Mond in Opposition) und eine Mondfinsternis möglich wird. Dabei ist die der Erde zugewandte Seite des Mondes beleuchtet.

Winkeldurchmesser: Der von der Entfernung abhängige, scheinbare Durchmesser eines Himmelsobjektes in Grad gemessen.

Zentrallinie: Die Mittellinie der Totalitätszone bei einer totalen Sonnenfinsternis bzw. die Mittellinie der Ringzone bei einer Ringfinsternis. Entlang dieser Linie ist die Dauer der Totalität bzw. der Ringförmigkeit immer länger als in der Nähe des Zonenrandes.

Zentrale Sonnenfinsternis: Eine totale oder ringförmige Sonnenfinsternis, bei der die Achse des Mondschattens auf die Erde fällt und dort die Zentrallinie markiert.

Literatur

Ashbrook, Joseph: *The Astronomical Scrapbook*, Cambridge, MA 1984

Astrophotography Basics, hrsg. von KODAK, Nr. P-150, Rochester, NY 1988

Aveni, Anthony F.: *Skywatchers of Ancient Mexico*, Austin 1980
(Abhandlung über die Finsternis-Tafeln im Dresden-Kodex der Maya)

Bächtold-Stäubli, Hanns (Hrsg.): *Handwörterbuch des Deutschen Aberglaubens*, Band 2, Kapitel »Finsternisse«, Berlin/Leipzig 1930

Brewer, Bryan: *Eclipse*, Seattle WA 1991[2]

Couderc, Paul: *Les éclipses*, Paris 1961

Covington, Michael: *Astrophotography for the Amateur*, Cambridge, MA 1988

Ekrutt, Joachim W.: *Die Sonne*, Hamburg 1981

Espenak, Fred: *Fifty Year Canon of Solar Eclipses:* 1986-2035, Cambridge, MA 1987
(Detailinformationen zu den kommenden Finsternissen)

Hawkins, Gerald S.: *Stonehenge Decoded*, Garden City 1965
(Zur Theorie über Finsternis-Prognosen in Stonehenge)

Hoyle, Fred: *On Stonehenge*, San Francisco 1977
(Weiterentwicklung der Stonehenge-Theorie von Hawkins)

Johnson, Samuel J.: *Eclipses, Past and Future, with General Hints for Observing the Heavens*, Oxford 1874

Joslin, Rebecca R.: *Chasing Eclipses: The Total Solar Eclipses of 1905*, 1914, 1925, Boston 1929

Klein, Artur: *Die faszinierende Welt der Astronomie*, Niedernhausen 1990

Lang, Kenneth R.: *Die Sonne. Stern unserer Erde*, Heidelberg 1996

Lang, Kenneth R./Gingerich, Owen: *A Source Book in Astronomy and Astrophysics*, 1900–1975, Cambridge, MA 1979

Lewis, Isabel Martin: *A Handbook of Solar Eclipses*, New York 1924

Littmann, Mark/Willcox, Ken: *Totality – Eclipses of the Sun*, Honolulu 1991

Lowenthal, James: *The Hidden Sun. Solar Eclipses and Astrophotography*, New York 1984
(Praktische Tips zur Astro- und Finsternisfotografie)

Meeus, Jean/Grosjean, Carl C./Vanderleen, Willy: *Canon of Solar Eclipses*, Oxford 1966
(Daten zu allen Sonnenfinsternissen zwischen 1898 und 2510 n. Chr.)

Menzel, Donald H./Pasachoff, Jay M.: *A Field Guide to the Stars and Planets*, Boston 1983[2]

Mitchell, Samuel A.: *Eclipses of the Sun*, New York 1951[5]
(Finsternisse in Geschichte und Wissenschaft, persönliche Erfahrungen des Autors)

Mitton, Simon: *Cambridge Enzyklopädie der Astronomie*, München 1989

Moore, Patrick/Zimmer, Haro: *Guinness Buch der Sterne*, Berlin 1985

Mucke, Hermann/Meeus, Jean: *Canon der Sonnenfinsternisse –2003 bis + 2526*, Wien 1983

Oppolzer, Theodor Ritter von: *Canon of Eclipses*, New York 1962
(Daten und Karten zu allen Sonnen- und Mondfinsternissen von 1207 v. Chr. bis 2161 n. Chr., Neuauflage des Monumentalwerkes von 1887)

Roth, Günter Dietmar: *Handbuch für Sternfreunde, Band 1 und 2*, Heidelberg 1989[4]

Schreiner, Josef: *Lehrbuch der Physik, 1. Teil, Kapitel: Astronomie und Gravitation*, Wien 1971

Stifter, Adalbert: *Die Sonnenfinsterniß am 8. July 1842, Wiener Zeitschrift für Kunst, Literatur, Theater und Mode 1842*, 3. Quartal

U. S. Government Printing Office (Hrsg.): *The Astronomical Almanac*, Washington D.C.
(Jährliche Ausgabe mit Details zu den bevorstehenden Finsternissen)

Das Weltall: *Planeten, Sonnen, Galaxien*, München 1984

Der Autor

Werner Raffetseder, 1955 in Oberösterreich geboren, studierte Bauingenieurwesen, Sprachen und Völkerkunde in Wien. Schon als Student bereiste er ausgiebig Asien, Afrika und Lateinamerika und gestaltete Fotoreportagen und audiovisuelle Vorträge mit exotischem Inhalt. Nach einer mehrjährigen Tätigkeit als Bauleiter von Brücken- und Tunnelprojekten wendete er sich wieder dem Journalismus zu. Inzwischen hat er für Radiostationen, Agenturen und Printmedien die entlegensten Winkel der Erde bereist und sich mit Ausstellungen und Multimediaprojekten einen Namen gemacht. Sein Buch »Leben im Müll« wurde mit dem Theodor-Körner-Preis ausgezeichnet.